野驴仪仗队

刘先平 著

河北出版传媒集团

河北教育出版社

图书在版编目（CIP）数据

　　野驴仪仗队 / 刘先平著 . -- 石家庄：河北教育出
版社 , 2020.3
　　ISBN 978-7-5545-5495-1

　　Ⅰ . ①野… Ⅱ . ①刘… Ⅲ . ①自然科学- 少儿读物
Ⅳ . ① N49

　　中国版本图书馆 CIP 数据核字 (2019) 第 260618 号

书　　　名　**野驴仪仗队**

作　　　者　刘先平

出 版 人　董素山

责任编辑　高树海　　汪雅瑛　　陈　娟

装帧设计　李　奥　　脱琳琳

出　　　版　河北出版传媒集团

　　　　　　河北教育出版社 http://www.hbep.com

　　　　　　(石家庄市联盟路 705 号，050061)

制　　　作　翰墨文化艺术设计有限公司

印　　　制　石家庄联创博美印刷有限公司

开　　　本　700mm×1020mm　1/16

印　　　张　11.5

字　　　数　120 千字

版　　　次　2020 年 3 月第 1 版

印　　　次　2020 年 3 月第 1 次印刷

书　　　号　ISBN 978-7-5545-5495-1

定　　　价　32.00 元

引领孩子走进自然、热爱自然

——培养生态道德之美（代序）

刘先平

大自然养育了人类。

人类的文明史就是起始于对自然的认识和研究。

引领孩子认识自然，以启迪智慧的发展和对自我及世界的认识，自古以来就是教育的经典。

进入后工业化时代，人类面临生态危机，更凸显建设生态文明的必要。建设生态文明，构建人与自然和谐，保护可持续发展是世界的主题，人类永久追求的目标。

中共中央、国务院《关于加快推进生态文明建设的意见》明确指出：建设生态文明必须"坚持把培育生态文化作为重要支撑"，"积极培育生态文化、生态道德，使生态文明成为社会主流价值观"，"把生态文明教育作为素质教育的重要内容"。

歌颂人与自然和谐的当代大自然文学，是生态文化的重要内容，在培育生态道德方面有着无可替代的作用。

大自然是人类的母亲，这是共识，但随着历史的发展却陷入了误区。大自然是知识之源，这是事实，但常常却被人们忽略，需要正本清源。

一、大自然文学的内涵

大自然为人类的生存、发展提供了一切必备的条件：阳光、空气、水、食物……因而人类在早期对大自然视若母亲，顶礼崇拜，奉若神明。但随着社会的发展，人类为了满足不断膨胀的欲望，对大自然进行了无情的攫取，狂妄地任意改造自然，直到大自然严厉惩罚人类的愚蠢，人与自然矛盾的激化，甚至面临生态危机。生存危机迫使人类重新审视人与自然的关系，寻找造成生态危机的根源。审视的结果却是惊人的发现：即使是科技发展到今天，在茫茫的宇宙中仍然只有地球才是人类唯一的家园；万物之灵的人类，也只不过是大自然千万臣民中的一员；大自然中的万物组成了供人类生存、发展的生物圈，在这个生物圈中一荣俱荣，一损俱损。滋养人类的母亲也并非是取之不尽、用之不竭的源泉，她需要人类的呵护、节制才能永葆青春的美丽。总之，应尽快走出"大自然属于人类"的误区，达到"人类属于大自然"的境界——崇敬自然，热爱自然，保护自然。

毫不夸张地说，这是人类认识史上的一大飞跃！

书写大自然的文学是当今时代的呼唤和需要。如果说"文学是人学"，那么可否这样简单地来理解：我们每个人都生活在人与人、人与社会、人与自然的三维关系中，文学即是描写人与人、人与社会、人与自然的故事。但几千年，我们的文学多是描写人与人、人与社会的故事，却很少有专门描写人与自然的故事，歌颂人与自然的和谐。随着人类与自然矛盾的激化，面临着日益严重的生态危机，书写大自然文学或大自然文学应运而生。

之所以称之为书写大自然文学，意在突出人与自然的故事。第一位将西方自然文学介绍到我国的，是首都经济贸易大学的程虹博士、教授，那还是20世纪90年代，《文艺报》曾连续整版刊载了她写的评论。她满怀热爱大自然的激情，以明晰的思辨和优美、灵动、充满诗意的文字，解析、阐述着自然文学的丰富内涵，其难以企及的境界曾感染了很多读者。

其实大自然文学自古有之。我国的第一部诗歌集《诗经》就有很多关于自然的描写，孔夫子评价读《诗经》可以多识鸟兽虫鱼，李白、王维、杜甫、白居易等大诗人都留有众多描写自然壮美的诗篇。只是到了20世纪，有了新的时代使命，大自然文学有了质的变化，不再是单纯地赞美自然或以自然风景作为介质抒发作者的情感；作家有了融入自然的审美视角，进行着人与自然的对话……这使大自然文学不仅肩负着时代赋予的使命，同时也为文学艺术开辟了一个崭新的广阔空间。

对人与自然关系的审视，使人们逐渐认识到生态文明是一切文明的基础。试想，如果失去了生态文明，人类的生存都岌岌可危，其他的文明还有基础吗？

二、大自然文学的价值

精炼地说，大自然文学是描写人与自然的故事，歌颂人与自然的和谐。我这里要强调的是这个"自然"应是真实的自然，或者说是原生态的自然，是科学的自然，而不是童话或寓言式的自然。也可以叫作原旨大自然文学。

　　首先，只有还给孩子一个真实的大自然，才能引领孩子认识自然，认识自然之美，崇敬自然；否则，那后果是难以预料的。这就要求作家必须先去认识自然。其实我是用了40多年在大自然中探险并认识自然，我发现了很多奇妙的事情，如我们常见的苹果、梨子等都是结在果枝上的，但可可、波罗蜜、番木瓜却是在树干上开花结果，地榕果却是在树根上开花、结果，就连波罗蜜也有在树根上结果的禀性，更有在树叶上开花结果的叶上花，因而《奇根世界》才有可能引领读者认识生命的智慧和奥妙。西方植物学家都说："没有中国的杜鹃花，就没有西方的园林。"杜鹃花是木本花卉之王，而我们常见的杜鹃多是灌木，如映山红。然而在云南、贵州、四川、西藏却生活着乔木杜鹃，在高黎贡山更有高二三十米、胸径一两米的大树杜鹃。我前后历经21年，带着帐篷和马帮，才在高黎贡山无人区瞻仰到了它的尊容，《寻找大树杜鹃王》才能展示出生命的壮美、祖国的美丽和植物学家崇高的民族精神。《雨中探蘑菇世界》《野驴仪仗队》等，无不是这样才写出的。

　　引领读者认识自然之美，培养爱国主义精神应是具象的、生动活泼的，而不是空泛的。大自然文学把新鲜、奇异的种子，散发着清新空气的生命种进读者的心里，如《夜探红树林》中的"胎生植物"秋茄，长纺锤形的种子结在树上，直到生出了两片绿芽，母树才将它娩出，种子利用长纺锤形的结构，自由落体后稳稳当当地插入了滩涂，完成了栽植，俨然已是树苗。而这正是植物为了从陆地走向大海，适应潮间带风浪的环境，经过千万年的进化而成就的生命辉煌。这是海边，而雪山冰川下的"胎生植物"珠兰蓼却是另有妙招。再如《象脚杉木王》中记叙了我们在贵州习水看到的中国现存最大的"杉木王"。林学家说胸径达到 1 米的，就应称之为"树王"。这里最伟岸的象脚杉木王，据近年的测定，胸径有 2.38 米，树高 44.8 米，冠幅为 22.6 米。那天我们 6 个人手牵手还未能环抱。树王是我们今天唯一能看到生长了百年甚至几千年至今依然鲜活的生命！最为震撼心灵的还有我们在古庙、古迹中看到的唐柏、宋柏，大多都是苍劲虬结，充满了岁月的沧桑，这些巨柏身躯如红玛瑙般闪光流彩，鼓突的树根圆润发亮。永葆青春是美，饱经沧桑不是美吗？生命就是如此壮美！

其次，大自然文学是热爱生命的文学。眼下常有人忧虑对孩子们缺少了生命教育。地球之美在哪里？为什么只有地球才是人类唯一的家园？因为它有多姿多彩、丰富繁荣的生命！生命最为宝贵和神奇，也只有生命才能创造出如此美丽的世界！

大自然不仅为人类提供了一切生存发展的物质条件，还是人们精神家园的根基。人们总在自然中寻找大自然的抚慰，寻找心灵的风景，以构建自己的精神家园。否则，人们为什么要走进自然，不远千里、万里去旅游。

再次，大自然文学在培育、树立生态道德方面起着无可替代的作用。法律和道德是一切文明的支柱。

生态文明的建设，需要生态法律和生态道德的支撑。几千年来，人们已制定了多种调节人与人、人与社会关系的法律和道德，但却没有制定、规范人与自然之间相处时应遵守的行为准则。当人们认识到正是缺失了生态法律和生态道德，才导致了人与自然矛盾的激化，生态危机的突现，因而开始重视生态法律的制定。生态法律的制定需要不断完善，生态道德的树立仍然难以得到较为科学和完整的规范。其原因之一是：我们在"大自然属于人类"的误区中走得太久；原因之二是：相比较而言，生态道德的树立比之于生态法律的制定，有着更艰难的一面。法律是国家制定的强制执行的行为准则。道德却是一个人的品质、修养、自觉的行为，需要终生的努力，需要几代人，甚至几十代人的努力，才能形成的崇高风尚。这更加说明需要生态文化的长期熏陶，而大自然文学正是生态文化的重要组成部分。

生态道德即是人与自然相处中应遵守的规范行为，以化解人与自然的矛盾。其实质是热爱生命、尊重生命、热爱自然、保护自然——保护我们的物质家园和精神家园。而这正是大自然文学的主旨，是文学的社会功能，是时代赋予书写自然文学的任务。

最后，大自然是知识之源。人类是在认识自然、探索自然的奥秘中总结了知和识，发展了智慧，上升为科学。科学的发达又引导、促进着人类的发展，无论是从物质的层面和精神的层面都是如此。但正因为科学技术的飞速发展，特别是钢筋水泥切断了很多人与自然相连的血脉之后，人们常常忽略了大自然是知识之源这个最基本的事实。

2011年，我在西沙群岛第一次有机会仔细观察鹦鹉螺，那是在永兴岛上的南海海洋博物馆的展架上。它是四大名螺之首，它那如鹦鹉鸟一般的奇特造型，白色螺壳上橙色的火焰花纹，闪耀着诱人的魅力。来到深航岛的一个傍晚，战士小高领我们到岛的北边去看对面的晋卿岛。走在退潮后露出的大片礁盘上，意外地拾到一只鹦鹉螺，虽然壳已被风浪破损，但仍可清晰地看到壳内螺旋迂回，形成一个个隔舱，舱之间有带相串连……我们惊喜得屏声息气。

数年前读到的一篇短文说，世界上没有几位海洋生物学家见到过活体的鹦鹉螺，因为它生活在 100 米深的海底，只在夜间才浮上来觅食。原来它要上浮时，会制造气体充盈隔舱；下潜时却排除空气，吸入海水。这种生存技巧激发了仿生学家的灵感，制造了潜水艇。于是，世界上无论是用电池作为动力的或是用核能作为动力的第一艘潜艇，都是用鹦鹉螺号来命名，以纪念它的功绩。

还有一说，鹦鹉螺可能是天体演变的忠实记录者。每当月色姣好的特殊时光，鹦鹉螺会与月相约，群集海面，"相看两不厌"，据说它记录了月球与地球的相对位置。真的如此玄妙？天文学家揭开了其中的奥妙：鹦鹉螺壳虽漂亮，但不光滑，而是布满细细的波状纹（在深航岛捡到的螺壳看得较清楚）——波状纹就是它的年轮，每天长一条，每月长一隔，这种"波状生长线"的条数即是每月的天数。据化石考古：鹦鹉螺在距今 4 亿多年的古生代奥陶纪，每隔的纹数只有 9 条。到了距今 3.5 亿年的古生代石炭纪，每隔的纹数已有了 15 条。在距今 1.95 亿年的中生代侏罗纪，每隔的纹数是 18 条。在距今 1.37 亿年的中生代白垩纪，每隔的纹数增为 22 条。在距今 4000 万年的新生代渐新世，每隔的纹数已达 26 条。也即是说在 4 亿多年之前，那时每月只有 9 天，随着斗转星移，每月却达到了 15 天、18 天、22 天、26 天。现今，我国的农历每月是 29 天多——大月 30 天，小月 29 天。由此天文学家得出结论：月球仍是围绕地球运转，但离地球愈来愈远了。这证实了宇宙至今依然在膨胀。

鹦鹉螺居然蕴涵着这么多的科学知识和智慧！

即使是当今被认为科学三大尖端课题的生命起源、天体演变、物质结构这些深奥的科学，有哪一项不是隐藏在大自然的无限玄机之中呢？鹦鹉螺不就记载着天体演变的信息吗？

　　事实证明：我们每天看到的大自然，竟蕴涵了如此多的科学知识，需要我们去探索、认识，千万别漫不经心地忽略！

　　大自然文学的首要任务是引领孩子们认识山川河流、花鸟鱼虫，从发现生命形态的千变万化、构造的无穷奥妙、大自然的丰富多彩开始，进而感悟到生命的伟大，热爱生命，尊重生命，热爱自然，保护自然，从而认识到必须严格遵守在自然中的规范行为——培养并树立生态道德的紧迫和重要，因为生态道德是维系人与自然血脉相连的纽带。只有人们以生态道德修身济国，人与自然的和谐之花才会遍地开放。

目 录

野驴仪仗队 / 1

  阿尔金山自然保护区不在阿尔金山 / 1

  朝圣之路 / 6

  大漠对话大海 / 18

  天域奇观 / 31

  攀崖高手 / 39

  野驴挑战 / 43

  野牦牛的生存技巧 / 52

鸟战风云录 / 59

海上鸬鹚堡 / 71

  初探青藏高原 / 71

  金银滩上的情歌 / 73

  探寻鸟岛 / 76

  海上鸬鹚堡 / 80

  奇特的哺育方式 / 87

寻找猎场 / 91

围　　猎 / 93

鸟岛趣闻 / 98

泉湾海市 / 104

拜访熊猫妈妈 / 112

海底，和变色龙较劲 / 142

刘先平 40 余年大自然考察、探险
主要经历 /166

野驴仪仗队

人类总是在自然中寻找心灵的风景以构建自己的精神家园。

都说我是探险家，其实我只是一名仰慕者，每当我五体投地去拜望高山、大海、森林、戈壁这些无比神圣、纯净、伟大的殿堂，我都感觉在沐浴神圣，荡涤我在尘世中沾染的尘埃，使精神家园辉煌、灿烂，使呼唤生态道德、传播人与自然和谐大美的呐喊更加响亮！

阿尔金山自然保护区不在阿尔金山

2008年，我在写作《走进帕米尔高原——穿越柴达木盆地》时，最后一章取名《刻骨的遗憾》，用"遗憾也是期待、向往……"来激励自己。

那个刻骨铭心的遗憾是什么呢？

人们总是向往着天域的大美，可是在这人类足迹几乎已遍布的世界，大美在哪里？

羌塘、可可西里、罗布泊、阿尔金山是我国四大无人区。绝境中总是蕴藏着大美！

我早已向往探索壮美、神秘的阿尔金山国家级自然保护区——它在新疆的昆仑山的中、东部，青海、西藏、新疆三地相接处，由35座海拔5000多米的高山环绕。几十座高耸入云的雪山，蓝天中逶迤的388条冰川，犹如光芒四射的银色神环，形成了面积达45000平方千米的天域。

它是世界上最高的盆地，有世界上海拔最高的沙漠、雪山、冰川、湿地、荒漠、高寒草原、湖泊……将反差极大的地理环境聚集在一起，造就了丰富多彩的生态。它高寒、干旱，几乎是人类的禁区，然而却是高原野生动物的王国。这里生活着几万只狂野的生命：野牦牛、野驴、藏羚羊……总之，它汇集了青藏高原所有的壮美、神秘。

可是，我竟然两过其门而未能进入。

我最大的错误是"望文生义"，原来阿尔金山自然保护区并不在阿尔金山。

2004年我和君早从南线走向帕米尔高原时，计划穿越了柴达木盆地，到达花土沟油田后，即去新疆的阿尔金山自然保护区。因为油田附近的茫崖就有315国道，而315国道正是从青海翻过阿尔金山到新疆的若羌县的大道。阿尔金山自然保护区即在若羌境内。

8月10日晚，正在和朋友们商量第二天行程时，突然接到新疆朋友的电话，说是他已到达新疆的若羌县，要我明天赶过去与他会合；虽然明天的探险地十分诱人，但阿尔金山自然保护区毕竟是我早已向往之处，具有更大的诱惑力。

11日，我们翻过陡峭的阿尔金山。在若羌县城与朋友会合后，他就急忙拉着我们去看米兰古国遗址，说是时间紧，到那里再吃午饭吧。常年在外跋涉，我总是客随主便。等到晚上我问他："明天从哪里去阿尔金山自然保护区？"

"你们今天不是翻过阿尔金山来的吗？"他说。

"没看到保护区大门呀？"

可可西里：蒙古语意为"青（或绿）色的山梁"。
横贯西藏自治区东北部及青海省西南部，是青南高原上的主体山脉，一般海拔5000米。山脊和缓，山顶终年积雪。青藏公路经此，为国家自然保护区。

藏羚羊：牛科藏羚属的唯一种。典型的高原动物，主要分布于青藏高原及其毗邻地区。
体长小于100厘米，体重不超过20千克。雄性具角，向后弯曲呈镰刀状，臀斑甚大，尾短，四肢纤细，蹄狭窄。背为红棕色，臀斑和腹部为白色。
栖息在海拔4000—5000米间的高寒草原、高寒荒漠等环境中。性寂静，听觉和视觉发达，发现敌情，疾驰如飞。被列为濒危物种予以保护。

"它就从伊吞布拉克镇进去呀!"

"什么?什么?"

"伊吞布拉克就在青海的茫崖石棉矿——青海有三个地方叫茫崖,一是当年考察队的营地;再是茫崖行政区所在地,即花土沟油田;还有一个茫崖镇,就是石棉矿。三个地方叫同一个地名,是那一地区发展过程中的遗留。"

我傻眼了!难道阿尔金山自然保护区不在阿尔金山?

"明天还要返回?"我急着问。

"不可能!只有一部车,谁敢进那个神秘的地方?"朋友又说,"那是无人区!这地方绝没办法再能找到一部越野车。就是有两部车,没有向导,谁敢进?"

我急得七窍冒烟:"早说,我把送我的车留下来呀!"又一想,不对呀,脱口问出,"难道阿尔金山自然保护区不在阿尔金山?"

"我也说不清,反正这次是去不成了。"

"若羌这边就没有路了?"

"听说有,但是这条路更难走。现在又是多雨的季节,连装备比较好的考察队也不敢走。"

我怎么懊恼、怎么自责也没用了,真是把"肠子都悔青"了。

后来,我才知道阿尔金山自然保护区不在阿尔金山的缘由。阿尔金山是"金子"的意思。考察证明,它确实蕴藏着金矿、铁矿、玉石、稀有金属。它在东昆仑的北部,是一条向东北方向伸入塔里木盆地的小山脉，与甘肃、青海的祁连山相连。当年筹建自然保护区时，应以它所在的地理位置称之为"东昆仑自然保护区"，可筹备者认为应该给当时全国最大的独特的保护区取个更响亮的名字。阿尔金山在 315 国道上，又是当年考察时的必经之路，知名度高，于是就"借来一用"了！

教训是深刻的。遗憾可以永存，但也能激起更强烈的期待、向往。

2005 年，在我和李老师从北线走向帕米尔高原时，我们就作了种种策划再进阿尔金山保护区。当我们从敦煌初探了罗布泊后，在朋友的帮助下，翻过当今山口到冷湖，又回到花土沟油田。接着是按计划行进，可是到最后当我说明天去阿尔金山保护区时，陪同的小张科长却沉默不语。我问急了，他才说要考虑考虑。一个多小时后，我去问他，他说："刘老师，那是个神秘的无人区，太危险了，可我有老婆，也有孩子……"

他说得很动情。我即使有天大的理由，也不能要求他和我一道去冒险。

如此一来，我更想念阿尔金山，甚至常常在梦中梦到想象中的她。

朝圣之路

2012年的8月，我终于得了一位真诚的朋友相助，他联系了青海的相关部门，对方表示热烈欢迎。但我接受教训，未敢说要去阿尔金山，只是说时隔八年后，想再去看看柴达木盆地和可可西里的生态变化，因为《走进帕米尔高原——穿越柴达木盆地》于2009年获得了全国精神文明建设"五个一工程"奖，理由冠冕堂皇。

8月初，我和李老师带着孙子天初到了青海。天初12岁，钢筋水泥早已切断了在城市里出生的孩子与大自然相连的血脉，致使他们在成长中都碰到了许多的问题。我想让他去体验西部的风采，那里是进行生态道德教育的最好课堂，接通他与大自然相连的血脉。我的那位朋友主管着林业部门，一切都很顺利。先是去青海湖，再进入柴达木盆地到海西蒙古族藏族自治州首府德令哈市。

陪同的是从事野生动物保护的小李。路上我渐渐地、不露痕迹地将要去阿尔金山的计划说了出来。当听到他说他也想去那里看看时，我真是心花怒放，于是说最好能在茫崖那边再找部越野车。他觉得很有道理，立即办了此事，说是明天就往那边去。

傍晚，我们在可鲁克湖边漫步。天初正分辨着湖中的云和蓝天的云谁真谁幻，凫游的鸊鷉究竟是在天上还是水中？我被他沉浸在审美中的神情吸引，快步走去……

小李的手机响了，他忙着接电话。不一会他撵上来了："抱歉，刘老师，领导要我后天赶回去，有急事。我明天只能把你送到格尔木，不能陪你去茫崖了。"

我像一下掉到了冰窟，难道又要重蹈覆辙？

小李是个很厚道的青年，他一定是看到了我异常失落的神情，忙说："不要紧，我会向格尔木林业局交代清楚。你千万别急！"

我表面上装出一副随遇而安，但内心思绪翻涌。我是如此向往那片天域，上苍竟忍心不作眷顾？

不，我不是个旅行者，更不是个探险家，我是名朝圣者，相信真诚是能感动上苍的！

"刘老师，时隔八年了，这一路上你看有变化吗？"

我对小李的善解人意报之以微笑："变化大，生态良好多了！看样子这几年雨水多了。昨天看青海湖，水都漫过了大片的草地，注入青海湖的布哈河已汹涌澎湃。保护区里的牧民大多迁出了，鸟岛边的几道沙梁也被草地覆盖……对了，那天看的沙山——对，就是湖边飞来的小沙漠——奇景！靛青的湖水边，突然屹立了金色的沙山，沙山上边居然长出了稀疏的绿草。天初都看得赖着不走，一定要看看沙上绿草的根是扎在哪里的……"

"看，我抓到了什么？"

天初居然抓到了一只毛蟹。

"和我们那里的蟹一样？"

"是的。可鲁克湖是淡水湖，十多年前就从我们那里引种毛蟹了！"我说。

他对它审视了一番，就走到湖边把它放到碧绿的湖水中："回家吧！别大白天的就往岸上爬，当心被人抓去！"

那副神态使我猛然想起他的爸爸君早，也是 10 岁左右，在普陀山东海边和飞蟹的那段故事，时光一去不复返。

去格尔木有了高速公路，省却了不少的颠簸。怀头他拉草原青绿，一扫当年的苍凉。过了察尔汗盐湖的万丈盐桥，路两旁的红柳、酸枣、芨芨草长得茂盛，多了几重色彩。不知不觉中，我们已到了格尔木。

我们正在旅馆中休息时，小李说是林业局的王局长来了。王局长是位魁梧、开朗的中年人，于是我们三人谈起了后面的行程。小李首先说了我的想法，希望王局长尽力安排。

原以为王局长要说一些困难，谁知他满口应承，似是随意地说：明天先去可可西里吧，回来再去茫崖、阿尔金山。但是阿尔金山自然保护区不仅属林业系统，又属新疆环保部门管理，听说进山规定很严格。

小李急忙说这事只有找可可西里保护区帮助了。羌塘、三江源、可可西里、阿尔金山——中国最大的四个自然保护区来往密切。

可可西里的生态比我们 2004 年那时所看到的已
有了较大的好转，成群的藏原羚已不再是罕见的

　　我绝没有想到他是如此爽快地应承了下来，但他的目光不断在我和李老师、天初脸上来回审视的神情，还是在我心里泛起一丝忧虑。那神情隐含的是什么？我说不清。直到我们从可可西里回来，才将谜底揭开。

　　没过半个小时，可可西里自然保护区管理局的肖局长来了。

　　老肖黝黑的脸上泛着红光，人也精悍，一看就是经过高原、大漠风霜锤炼的。我们没说几句话，竟然就像老朋友似的，大约是常年在大自然中跋涉所引发的心灵感应吧！

　　他请我们吃晚饭。在饭桌上他就将我们的事安排好了，说是阿尔金山保护区已同意我们进入，要我们到达伊吞布拉克后找谁，并说明天他陪同我们去可可西里。

　　那晚，我和李老师很兴奋，一直谈到深夜。

　　当我们从可可西里回到格尔木的晚上，王局长见面就说："考验通过了。刘老师、李老师，我服了。你们都是70多岁的人，难得还能这样为保护大自然奔波，更难得的是能经受海拔4500多米的可可西里的考验。肖局长说你们跑上跑下地拍照片、考察生态，很多年轻人都吃不消。之前我真有些担心，担心你们承受不了高山反应，毕竟年纪不饶人！你们有这样的体魄，肯定是大自然的奖赏！我已安排好了，你们明天就可出发去阿尔金山了！"

　　我乐得用拳在老肖的肩上敲了一下：

　　"难怪你接电话时总躲着我们，要不就讲青海方言，故意让我们听不懂。你这家伙，又当考官又当卧底的！"

"冤枉了，这是关心嘛！你们这样的年纪还上可可西里能不担心？要不我怎么能愿意放下手头的事陪你们去？"老肖一副委屈的模样。

李老师说："谢谢，非常感谢！能帮助我们圆了多年梦想的朋友，都永志难忘啊！这是大自然赐予我们的缘分！"

我们已是第三次穿越柴达木盆地了，但西北线一直因为路途艰难而没走。当我小心翼翼地提出穿越乌图美仁草原到茫崖时，王局长竟欣然同意。他看我很惊讶的神色，忙说："你以为还是八年前的状况？雨季泥泞，车常陷在沼泽地中？"

第二天一上路，竟是平坦的柏油路，虽然天色阴沉着，但心里却亮堂多了。路旁枸杞园里，碧绿的叶条中结满了红红的果实。向导小戎说，戈壁滩上还生长一种野生黑枸杞，保健价值更高。

难怪都说乌图美仁草原很美：绿油油的草原，星星点点银色的水沼，金色的小沙丘，红柳、刺枣、梭梭树点缀，在毛毛细雨中有了另一种情调……

"野雉！"

随着小戎的喊声，车也停了下来。在两三百米开外的草地上，在悠闲地吃草的牛群中，正有一群鸟夹在其中觅食，真是一幅优美的高原草地牧歌图。

从鸟的体型大小看似是家禽鹅，也没有野雉的彩色羽

毛，倒是颈项上有着褐色的斑纹……看了半天也没能判断出它是哪种禽类。

小戎说："这里的野雉很多，虹尾雉、贝母鸡、白马鸡等都把这里作为天堂。肯定是它们。"

我仍然说不像。

天初突然捡起一个小土块抛了过去，那鸟并不在意。

天初又抛了两块。我看到有只鸟抬起头，停住，头向这边转来，显然是头鸟已发现了情况。正想说别惊动它们时，天初手中的土块已经飞出，还大声"啊！啊！"喊起。

鸟儿们飞起来了……

"斑头雁！"

我认出了，但却没有想到从草丛中飞起的竟有两百来只！斑头雁每年都来青藏高原的湖泊中繁殖，是青海湖鸟岛上的四大明星之一。现正带领着出生不久的雏鸟学习觅食、飞翔，再有个把月就要飞行千万里到南方越冬了。

到达茫崖花土沟油田，已近下午1点。小戎赶快找到了这边的老潘，相谈之后，才知小李原定的一部越野车出差了。我请小戎去租车。不久，小戎回来了，说："一说到阿尔金山，司机们都不愿去。在戈壁、高海拔的山里，几百千米的路不见人影，没有经验的谁敢去？就是愿去，我还不敢请呢！刘老师，您别急，车到山前必有路，说什么我也会把你带进阿尔金山！"

我们只能在焦急中等待。难道又要像前两次半途而废？好在小戎人高马大，有股西部汉子的剽悍劲，不像那年的小张科长。

直到晚上9点多，小戎才来说找到一部皮卡车，司机是个小伙子，去过阿尔金山。我高兴得一把抱住了他。

那年我们在广西考察时，乘坐的就是皮卡车。它泼皮，禁得住摔打和磕磕碰碰。别说皮卡车了，多年来在野外考察什么车没坐过？用李老师的话说，"耳朵冒烟的车（拖拉机），肚子冒烟的车（卡车），屁股冒烟的车（越野车），不冒烟、只冒汗的11号车（步行）……都坐过！"

真是柳暗花明，别提有多高兴了。但凭着几十年的野外经验，我还是详详细细地问了很多情况……

小戎说："刘老师，是不是在乌图美仁草原没一眼认出斑头雁，让你不放心？那是我耍了点小聪明，我也得对我带的人有所了解吧，阿尔金山是无人区啊！我担着责任哩！"

这家伙，他也在考察我？行，跟着这样的小伙子心里踏实！

清晨，整车待发。精瘦、个子不高的小张开着皮卡车来了。我说出发吧，小戎却问小张："你的朋友呢？"

"马上就来。"

我看着小戎，刚想开口，他却说："我请他再找一个认得路的，这人前不久还去过阿尔金山。有两个向导，总多一份保证。我坐他们的车。已和魏师傅说好了，你们的车紧跟着我们就行了！"

他比我想象的要精明，跟着责任心强的向导，总是多了一份安全。

我想查清2004年经过此地却与阿尔金山失之交臂的原因。上了315国道也就特别留意。这段路改道了，离开了原来竖满油井的盐湖。原想让天初见识一下湖底蕴藏着的丰富的石膏矿，也只好作罢。

走了二三十千米就到了茫崖石棉矿。它是我国石棉蕴藏量最丰富、最大的矿山，露天开采，人为地制造了一个"天坑"，粉尘污染严重。刚过矿区的老宿舍区，车就在一座楼前停了下来。我正要问已下车的小戎，他说："已到伊吞布拉克保护站了，要办进保护区的通行证。"

说得我愣在那里。这不还在茫崖镇吗？2004年我们来时好像没见到这幢房子，但楼前墙上的牌子却是清清楚楚的。难道是改道的原因？不对呀！我们在新疆、青海分界碑前还特意留影纪念，难道这是保护区的一块"飞地"？转而一想，还是牢牢把这里深深印在脑子里吧，别再想当然了。

因为保护站的工作人员知道我们来的目的，很快就办好了通行证。他们再一次交代了路线、注意事项……

从保护站出来，就见小张的朋友拿了几顶带有面罩的帽子。天初一看立即欢天喜地戴上一顶，乐滋滋地问："我们还要去采野蜜蜂酿的蜜？真是太酷了！"

"想得美！那个'蜜蜂'叮你一下，你不跳、不叫才怪！"小张说。

"还能是马蜂？"天初把眼瞪得溜溜圆。

"海南岛人说'三个蚊子一碟菜'。无人区的蚊子黑压压的，成把抓。虻蝇更比马蜂还厉害，叮你一口还做了小动作，没一会儿，小蛆就在你肉里拱……"

还是小张的朋友厚道，怕吓着孩子，忙说："这里夏天短，它们要完成生命的任务，只能用特殊的生存方式，比不得内地。这里的蚊子能叮得人休克，毒性大！可惜只借到了两顶。"

听得天初大张着嘴。

小戎说："就给天初和李老师吧！男人皮厚。"

李老师赶紧对天初说了一些防范知识。有一年，我们在新疆巴音布鲁克——天鹅故乡——就吃过蚊子的苦头。这个小插曲提醒我在走沼泽地时，千万别赶在黄昏，千万别在那里停留。今天天还阴沉着，更要注意！

出了保护站，车却向回拐去。过了石棉矿，然后直奔茫茫的大戈壁——寸草不生，只有沙子、砾石。不久，连路也没有了，只有被车轮轧成的浅痕、深沟。

小张将皮卡车开得像在海浪上行船，只是卷起的不是雪白的浪花，而是尘土飞扬，呛得我们够受。魏师傅总是想超到前面去，我问他去过阿尔金山没有，他说没有。我说那就将距离拉开一些，反正有飞扬的尘土做目标。

正说着却下起了雨，我的心又提起来了。大戈壁上一阵大雨就能闹洪水，连路的影子也找不到。老天可别把我们撂到茫茫的戈壁滩上。

幸而雨只下了一小会儿。但一到阿达滩，一看那样宽阔的河面，还是心里一惊。老天爷，你可千万别再下雨了！我担心回程有大麻烦。其实，雨天是干旱的戈壁滩的"泼水节"。

到阿塔提罕检查站了。保护站的人检查了我们的通行

戈壁滩上散漫的河流

证，一再告诫我们应注意的事项后，大声、庄重地宣布："从现在开始，你们就进入阿尔金山自然保护区了！"

大家都忙着拍照片，我却进

由此进入新疆阿尔金山国家级环保自然保护区

到院内看看，显然是夫妇俩带着孩子在这荒无人迹的地方，守卫着人间的大美。出门后，我向他们敬了个礼，把最崇高的敬意、最衷心的祝福献上。

李老师只顾向处处皆新鲜的天初说这说那，介绍戈壁滩。没一会儿，他指着十点钟方向问："我们要从前面那座山翻过去吧？"

车还在戈壁滩上，前进的方向有一列褐色的大山，可他偏偏指的是东边的那座山。我有些奇怪："你从哪里看出的？"

"你看那边天上的云。"

是的，那边上空的云镶着边，泛着粉红色的光晕："那又说明什么？"

"你不是说阿尔金山保护区是大山环绕、中间有沙漠，还有三大湖泊吗？湖面上空当然是水汽比较多，水汽多，才可能有那样镶着彩色的云。"

难得这小东西观察得仔细，推理也合乎逻辑。对现在刚小学毕业还没踏进初中的孩子，真得刮目相看了。虽然心里充满喜悦，但我还是说："有道理。但是不是还要等一会才能证明。"

大漠对话大海

戈壁有了另一种色彩，大块的土黄、黝黑，还有火烧地泛着赤红，像是版画家的起稿。

不多久，天初若有所思道："奶奶，你们常讲大戈壁、戈壁滩，是一回事吗？为什么叫戈壁？'戈壁'是什么意思？"

"'戈壁'是蒙古语，应该是音译，是一种地貌的名词。意思是指西部地区难以生长草木的地方。"

"这也叫戈壁滩？"

李老师回答："是呀！戈壁只是难以生长草木，不是说根本不长草木。你看，这一望无际的大戈壁，黄乎乎的，在石头、沙地上不是散生着一丛丛像球一样的植物、一簇簇的蒿草……有的还开着白花，有的好像还结了果子。"

"怎么，有的还像球一样？"

大戈壁滩

"那是骆驼刺，骆驼喜欢吃的草。大风能将它们连根拔起，风吹得它在戈壁上滚来滚去，像球一样呢——风也踢球。长得高的，像我们那边茅草的是芨芨草；开白花的是白刺，据说它的果子还是一味中药呢……它们都是耐盐碱、耐干旱的植物。其实，戈壁的砂石有着多种色彩，不一定都是黄褐色的。那年我和你爷爷从敦煌去罗布泊的路上，就看到黑色的戈壁，地是黑的，碎小的石子油光闪亮，就像是天上落下的陨石，连沙子也是黑色的，显得格外深沉、浩瀚。"

　　"你是说戈壁滩有自己的生物，有另一种美？原来我以为大戈壁只有石头、沙子和荒凉。"

　　正说着话儿，魏师傅却将车头一拐，冲了过去。停下了车，对天初说："小伙子，也来考察考察吧！"

　　车停在一望无际的戈壁，一眼望去见不到一棵绿色植物，只有大小不等的砾石、沙子，地也是硬邦邦的，还泛出一大块一大块的盐碱白斑，像牛皮癣一样。

　　天初真的仔仔细细地在石壁上搜索。不久，发现一块石头上竟蒙了一层灰绿色，用手又抠又搓，竟然出现了绿浆。

　　"这也是植物？"

　　"当然，还有个很好听的名字，但抱歉，我忘了。你看，为了适应干旱，它长得像垫子一样。"李老师又顺手从地下拣了一块。"这上面有没有一个个小白点子？"

"是花，它开出的花！小得只有针尖大，不细看还发现不了呢！"天初因为发现而欢欣鼓舞。

"对呀！高寒、干旱的戈壁，夏天是很短暂的，它要完成开花、结果的重任，就要加快速度，不能像我们内地植物那样从从容容地萌芽、孕蕾、开花、结果。"李老师说。

"不是说水是生命的源泉吗？这里哪来的水？"天初又有了新的问题。

"当然，它不仅能得到水的滋润，甚至每天都能得到大自然赐予的甘露。想想看吧！"李老师乐得孙子能提出更多的问题，"学问"就是要学要问嘛！

"下雨？可这是干旱地区，你们不是说每年的蒸发量是降雨量的一两百倍吗？就是有雨，也不可能天天下雨呢。"天初说。

"再想想看，这里不是有民间谚语'早穿皮袄，午穿纱，晚上抱着火炉吃西瓜'吗？"

他一会儿看着我，一会儿又看看魏师博，见谁都不说话，就沉思着……

"对了，对了！肯定是因为昼夜温差大，夜里能产生气汗水——不，是露水！可那露水也太少了，能维持生命？"

"很好！生命对环境的适应能力特别强，特别伟大。你看看它，很难分出哪是叶子、哪是茎了吧？这样它们都能吸取水分。当然，它们还有防止水分蒸发的一系列特异功能！"

"真伟大！生命对环境的适应能力这样强！"

魏师傅一直兴趣盎然地听着祖孙俩的对话。

天初沉浸在发现的快乐中。不一会，又发现了两三个小小的黑甲虫，在沙石中匆匆忙忙爬着……

我担心小张他们要等急了——他们看我们的车停下，也停了车，而且时间也较紧。正想喊天初回来上车时，他却连连向我们招手。

原来他正审视着一块戳出地面的石头。

"风凌石！"李老师惊喜。

天初立即使劲，谁知却"哎哟"一声，像被火灼了，立即缩回手。那手上已割开一个口子，流出了鲜血。可他把指头放嘴里一吹，又去拔。这次他小心多了，用纸包了几层才下手。

李老师立即要他贴创可贴，可他却连说："没事，没事！"几番努力才将它拔了出来。

是的，是块白玉般的石头，扁扁的，有明显的斜向的断痕，长方形——怪在周边高，中间凹，不，像是船形？前端是弧形，也不对，又还似包含着陡峭的山峰、幽谷……

"像碟子？"

"更像鞋子，也像半个壳子，你们看，中间还收了腰哩！"魏师傅也来了兴致，拿到手里反复端详："是玉？"

天初伸手拿了回去："有这样奇怪的玉？旁边有锋利的棱角，四周排着薄薄的片片，一片连着一片，像是经过精密的加工，锋利得像刀片。底下磨损得厉害，还留着一个个疙瘩。奶奶，你刚才叫它'风凌石'？"

"肯定是风凌石！是种奇石，只有在西部的大戈壁、沙漠边缘才有。是几亿年、几万年、几千年风吹雨淋和飞沙走石的打磨才形成的，是大自然用无比的智慧、顽强坚韧的努力才创造出来的。只是近些年才被收藏家青睐，作为奇石收藏……"李老师一向对奇石有兴趣，在帕米尔高原、高黎贡山、黄河源，她都捡了石头收藏。

"是大自然写的历史？"

天初的思绪听得我心灵一激。

"说得很好。只有大自然才能雕镂出这样的多姿多彩的艺术品。当然，它也有了大自然历史的遗存信息。"

"它原来是什么石头？不是玉？看样子像呢！晶莹剔透。"天初边观赏边将风凌石递给了奶奶。

李老师接过来，在手里掂了掂它的分量，又仔细看了看，说："风凌石的原石有各式各样的，多是石灰岩、花岗岩，听说罕见的还有玛瑙和玉石，在罗布泊、吐鲁番都有，还有种叫红石榴的……"

"哈哈！真的是玉石？"天初高兴得要跳起来。

"肯定不是玉石！它轻，没有玉的沉厚"。李老师看到孙子有些失望，忙说："不过，它造型非常奇特，质地也不一般，肯定不是石灰岩、花岗岩，而是一种非常难得的奇异的……"

"究竟是什么？"

天初不满。魏师傅也刨根问底——他常年在大漠行车，对大漠的万物自有一种特殊的感情："是呀，小伙子问的在理，这究竟是块什么宝贝？"

李老师只好对天初说："去问你爷爷。你看，他一直装着满脸的玄机，了然于胸，一声不吭，只是看我们一头雾水的样子。"

说着就将风凌石递给了我，硬逼着我上阵。我何尝不知她是激将法？其实，我的惊喜比他们更强烈，一直在审视着那块宝贝，越看越是思绪翻涌——大自然竟是如此变幻万端，蕴藏着无穷的浪漫、豪情，但我还不敢肯定。等仔仔细细看了后，心情更是激动……

"说呀！怎么光看不说？"李老师催问。

"爷爷也没认出来，哈哈！"这小子也耍起小聪明了。

我笑眯眯地对李老师说："你故意考我？"

她很不解、茫然："这话怎么说？"

我诡秘又理直气壮："你认识，还捡到过，干吗故意装傻？"

她真的傻眼了……

于是，我拿着那宝贝又是吹又是擦，又从衣袋中掏出一根牙签，剔除了梳子般一片片缝隙中的泥沙，尽量使它逐渐露出了一些真容，还特意在倾斜的边缘左瞅右瞧……

我正欲再作提示，她却急切地说："别说出来，别剥夺了我发现的快乐！快，我俩都把它的名字写在手心里。"

天初懵了。魏师傅意味深长地笑着，是两个老顽童的智力游戏散发出的魅力。

没一会，我们都各自写了。

魏师傅也来凑热闹，说："让小伙子做裁判！"

"行，但得打个赌。"

"赌什么？你说条件吧？"

"谁错了，就得满足我一个要求——在阿尔金山的探险中。同意不同意？"

"要是我俩都说对了呢？"

"那更要满足我一个要求。"

"这小子只赚不赔啊！"

"三、二、一，摊手！"天初大声喊起。

我们同时摊开了手。

寂静的大漠上空，同时响起了我和李老师的笑声，惊得不远处两只小鸟扑棱棱地冲天而去。

"你们俩合伙蒙人！"天初的小脸涨得通红。

这真是热锅里蹦出个冷豆子！

我俩更是乐得仰天长笑！

魏师傅忙问："怎么了？他们写的是什么？"

"你自己看嘛！"

魏师傅真的凑过来看了，可是看完后却一声不吭，满脸的疑云。但说出的话却是："怎么骗你了？"

"奶奶写的是'珊瑚岛'。爷爷写的是'珊瑚'。可他俩都说对！这不蒙人？魏叔叔，你知道珊瑚是生活在哪里的吗？"

"当然在大海！你也要考我？"

"可这儿是戈壁滩，是大漠，离大海还有十万八千里哩！珊瑚怎么可能跑到这里来了？这不等于说要找骆驼刺，得到大海去寻吗？"

魏师傅一时语塞。李老师却笑得更欢："傻小子，这块风凌石不同于一般风凌石。金贵处就正在这里！想想看，海拔4000多米的大漠，怎么会有珊瑚？好好想想……"

过了好一会儿，天初才高兴地大喊："难道这里曾经是大海？在几千万年、几亿年前是大海？"

李老师正想夸他，他却连连摆手："别说，别说！你也别剥夺了我发现的快乐。是呀！我怎么忘了，青藏高原原来是大海呢！喜马拉雅山原来也是大海……对了，爷爷的书橱里还放着一块化石——是奶奶那年从珠穆朗玛峰自然保护区捡来的。我看过，外表像一块青石，像一本石头书。打开一看，里面是个完完整整的海洋生物——贝壳类的。我说的对吧？"他乐得手舞足蹈，"原来，发现能给人带来这样大的快乐！"

大漠陡然明亮起来，几束阳光射出了云层，戈壁滩上现出了明暗相间的斑驳色彩，只一会儿又风驰云涌了。

"我见过的珊瑚都是像树枝，像鹿头上长的角……这也是珊瑚？"魏师傅有了疑问。

"这个我知道。我最先认识的珊瑚就是爷爷书橱里摆放的，像是一棵树，树干是赤红的，枝子是雪白的，上面好像开了一朵朵琼花，说是曾在南海舰队当海军的舅爷爷送的。去年，爷爷、奶奶从西沙群岛回来，捡了好多珊瑚标本，还拍了很多照片，我才知道珊瑚有几百种呢！有雪白如玉的、绿的、红的、黑的，五颜六色；形状有枝状的、块状的、杯状的、脑状的，奇形怪状。几百种珊瑚在海洋里组成一个顶级的生态系统，是鱼、虾、螃蟹、鲨鱼的家园。不好意思，我这是听爷爷说的，书上看的。你让我奶奶回去发些照片到你邮箱好了。对了，这样的珊瑚我好像也看到过，好像是照片，对吧？它叫什么名字？爷爷！"

我感到欣慰——在那样炽烈的阳光下，冒着40多摄氏度的高温，在海滩上拣海浪冲上来的珊瑚、贝壳、海螺等各种生物的标本，很有意义。李老师大概也和我有同感。

"你还有什么问题？不是说我们合伙蒙你吗？通通提

出来！"李老师摸着孙子的头说。

"要说你们的答案也不完全一样，虽然两个都是名词，可珊瑚是动物名，珊瑚岛是地名，怎能一样？还不是蒙我们没去过西沙群岛？"

天初说完，就仰脸盯着我。

我说："从字面上看，有一定的道理，但这是我们俩的故事，谁都知道对方说的是什么，这叫心有灵犀一点通嘛！还是请你奶奶说吧！"

"去年 6 月，我们在西沙群岛的珊瑚岛，那是一个非常神奇的岛，是南海珊瑚保护区的核心地区。有一天，你爷爷和战士小魏、水手长东方明去考察珊瑚，却不让我下海，我只能待在退潮的礁盘上干着急。他们观察到了长棘海星吃掉大片珊瑚，凤尾螺却是珊瑚的保护神，它最喜欢吃长棘海星，还遇到了海蛇、大鱼……回来后一说，懊悔得我什么似的。后来，小魏送了一个宝贝安慰我。我一看，淡淡的象牙黄，有 30-40 厘米长，20 多厘米宽，中间还收了腰，像玉一样晶莹。它真的像是只盘子，不知是什么，难道海里也产玉？

"战士小魏说：'海里当然也产玉，但它不是玉……不过，说是玉也不过分。'

"接着，他反问：'你知道四大有机宝石是什么？'

"我说：'琥珀我见过。珍珠也认识。砗磲到西沙群岛的第一天就领教了。这个宝贝不属于这三种，那一定是珊瑚了？'"

"奶奶用的是排除法。"天初得意地小声说。

"小魏说：'没错，它就是珊瑚。你奇怪它的形状吧？明天我领你去看活的。'后来，我看到了像个大石头疙瘩的团结珊瑚。还有一种圆形的，上面现有纹路的脑状珊瑚。长得像把扇子，又像柳树那样的柳珊瑚……"

"你赶快说这叫什么珊瑚吧？"

我将那宝贝换转了一个方向，指着那一片片晶莹，问："你说说，这样的形态像不像褶皱？你见过吗？"

天初看了半天，仍是不开口。我说："还记得那次雨后，我们到松林里拾蘑菇吗？"

"对呀！你这样一摆，还真有些像是松菇背面的褶皱呢！"

"对呀，它就叫'石芝珊瑚'！是因为千万年风沙的吹打、陶冶，才让它有了山峰的险峻、参差，成了另一件艺术品。你奶奶才没一眼认出……"

突然，一阵雨噼里啪啦下起来。

有机宝石：由生物作用生成，可用作首饰或装饰品的材料。其物质本身可以全部为有机质，也可以仅有少部分为有机质而主要是无机质，如珍珠、琥珀、珊瑚等。

"快回车里。淋湿了容易得感冒，在高山上得了感冒可不是玩的。"

魏师傅一边喊一边脱下外衣披到天初的头上，拉着他就催着走。可他却犟起来，硬是挣脱，走了几步，将手中的珊瑚放回了原处，还扒着沙，尽量恢复原样……

直到坐进车里，魏师傅才说："小伙子，那样宝贵的珊瑚——风凌石，怎么不带回去收藏起来？给同学看看？"

"让它还在那里吧，让后来的人去享受发现的快乐！想想看，海拔 4000 多米的阿尔金山原来却是大海。那时这里一定是个繁荣的海洋世界！高山和大海是相连的，河流就像血管。雪山上的水要流到大海，阳光又将大海的水蒸气变成云，风再把云刮到高山，下雨下雪，这不就是大自然的循环吗？"

听得魏师傅猛然扭过身子，伸手到后座在他肩上连连拍着："嗨，你是真正的帅小伙子！"过了一会又很感慨："现在的孩子……"

待到他回过神来，才发动起车子。

我和李老师相视会心地笑着。

"魏叔叔，你别为我遗憾。其实，我想起来了，奶奶刚刚不是说西沙的魏叔叔送她一个石芝珊瑚吗？他们去年带回来装标本的纸箱，还有两箱没打开，那里肯定有完整的带着大海气息的石芝珊瑚。"

"行，好小子！路上你想看什么就言语，我保证停车让你看个够！"

这雨来得快，走得也快。

"爷爷，我读过你写的《走进帕米尔高原——穿越柴达木盆地》，里面有《昆仑和黄山对话》一章。以后你要写刚才这段，就叫《大漠对话大海》好吗？满是浪漫，满是诗意，满是大自然的豪情！"

车厢里响起了热烈的掌声！

天域奇观

进山了，路在山谷中迂回盘旋、爬高。坐在车上的人，也就忽左忽右地摇摆，忽上忽下地折腾。不时有载重卡车迎面开来，装的是黑色的矿砂。我想那可能就是从铁矿中来的。关于那个山谷中的铁矿，有着神奇的传说——

那里是雷电区，即使是晴空万里，但只要有片云飘来，山谷中瞬间就会爆发出奇形怪状的闪电，炸雷滚滚，山岩冒火，碎石飞迸……引来了科学考察队。考察的结果，原来山石全是磁铁矿。

终于到达山口，天也突然亮堂了。一块巨石屹立，上书"阿木巴勒阿希坎山口，海拔 4485 米"。

"爷爷，看，快看，大湖！我猜得没错吧！"天初没

有因发现的喜悦而兴奋，反而只是沉沉稳稳地站在山口，审视着山下阳光灿烂的新世界——阳光普照，天空湛蓝，映着偌大的蓝色湖面。

这应该就是阿牙克库木湖了！保护区中最大的湖，面积达800多平方千米。这座著名的咸水湖横卧在祁曼塔格山下，盆地的北面。湖水含盐量高达160克／升。没有飞翔的鸟儿，没有游鱼，显得宁静、悠远。湖边镶着绿茵茵的草地和银亮的水沼，远处雪山银峰环立，还有沙漠、河流……多种生境、多样的植被，构成了奇异的天域。

对，只有"天域"才能配得上这片世界！

一只金色的大雕，正在蓝得滴水、白得耀眼的天空翱翔，它是极珍贵稀有的金雕。

湖边兀立着陡峭的怪石，嶙峋的山崖。

我知道，在目力达不到的西边，还有阿其克库勒湖，面积有360平方千米，湖水含盐量不高，只有85克／升。它比海拔只有3876米的阿牙克库木湖的海拔要高，达到了4250米，而鲸鱼湖的海拔竟达到了4708米。上苍就是这样错落有致地把它们摆放在盆地中，如巨大的镜子，映着蓝天、银峰。

在自然界，每上升100米，气温就下降0.6摄氏度，也就是说大湖有各自的生境，孕育着不同的动植物世界。就说阿其克库勒湖，湖中有两个鸟岛，栖息着各种水禽，有棕头鸥、斑头雁、野鸭……它们使寂静的盆地洋溢着勃勃的生机。由于湖水中含有的矿物质和生活其中的卤虫，使在不同的气象中的湖水幻化出奇异的色彩，是一片魔幻的世界。

在其东南部还有座童话湖，东西长37千米，南北宽7.6千米，面积260平方千米。其形状如一硕大的巡游的鲸鱼，故得名鲸鱼湖。

说它是童话湖，奇妙之一是它位于巍巍雪山下，金色的沙漠边，海拔4708米，是世界上海拔最高的大湖。奇妙

祖孙三人在海拔4485米的阿木巴勒阿希坎山口，眺望阿牙克库木湖、盆地以及极目处的雪山和沙漠

野驴
仪仗队

之二是，鲸鱼头和鲸鱼尾，湖水一咸一淡——在它的东段大约七分之一处，有一天然的砾石堤，将湖一分为二。但堤有缺口，东西湖水相连。东湖因为有雪山融水流入是淡水湖；而西湖因无融水补给，蒸发量大，就成了咸水湖。淡水湖浮游生物丰富，是棕头鸥、斑头雁、赤麻鸭熙来攘往的天堂，是个生动活泼的世界；而西湖水太咸，是几乎毫无生命气息的沉寂。一堤相隔，似是阴阳两界，如童话中才有……

"湖边那石头好奇特啊，像不像一头骆驼？山也奇特，像是有很多鸟窝，我们快下去看吧！"大家都同声赞扬天初的发现。

离开山口没多远，发现两旁的大山有了色彩、有了个性。谁用墨线在赭色的大山上勾勒出了多种图案？犹如一幅山水画，苍劲古朴，引人遐想联翩，渐入佳境！

就在观赏自然大手笔绘出的一幅幅巨画中，就在齐声赞美中，湖光耀眼。车刚停下，大家全都争先恐后地向湖边、奇山、奇石奔去。

天初第一个爬上了骆驼石，立马猴到上面，还有意将身子作颠簸、悠晃状——真像那坐骑就是一头骆驼。他一会儿眺望大湖的蔚蓝，一会儿又回首仰望奇妙的大山……

"爷爷，看，这山上怎么像是谁用大勺子挖出了一个个窝凼，像不像鸟窝？对了，跟那天在青海湖看到的鸬鹚

如画的大山

湖边奇石——骆驼石

堡上的鸬鹚窝像不像？"

是的，大山上布满了洞罅，如密布的鸟巢。但不深，圆润而光滑……

我还未来得及回答天初，李老师惊奇地说："乍看像溶岩，喀斯特地貌。我们在广西寻找白头叶猴、在贵州寻找黑叶猴时都见过这种地貌，可又总感到它又不全像。"

我说："你看这石头的颜色，是不是灰青色的？"

"你说它是花岗岩？是呀，都是淡赭色的。那就更奇怪了，一般说来，只有喀斯特地貌才能形成溶岩。花岗岩能形成这样——天初说的鸬鹚巢，像深宕一样？怎么可能！"

我想，会不会是大湖巨浪狂涛雕蚀的？但这里距湖面的高度差少说也有三四十米，那也就是说历史上阿牙克库木湖要比现在高三四十米？可我仔仔细细地在山崖上寻找，也未发现一丝水痕的遗迹。

"你怎么不说话呀？"李老师催问。

小戎他们想听故事，都仰着头看着我。天初更是迫不及待。

一阵微风从湖上吹来，风带来一种异味。我深深地吸了两口，是的，像是海风，心灵一激。

"你们闻闻，风的味儿是否有点咸味，像海风那样？"

"这有什么稀奇的？阿牙克库木湖就是苦咸湖。风不咸，还能带来玫瑰花香？"小张说。

我想起在海边看到的岩石，记忆中似乎读过有关盐化的知识。于是嗫嗫嚅嚅地说："这样的岩石很可能是盐化的作用。"

我刚说完，同伴们就叽叽喳喳议论开了。风从湖中带来的盐分好理解，但盐有那么大的威力？竟然能把坚硬的花岗岩蚀出这样圆滑的洼坑？

听着这些议论，我突然想起柴达木盆地中庞大的雅丹地貌："你们谁见过南八仙那边的雅丹群？对了，昨天都见过花土沟油田，那红色的山上不都有雅丹地貌吗？大自然将它们雕琢成各式各样的形状——有的像老虎、狮子，有的像大鲸出海……"

"那是风的作用，几千年、几万年才形成的。"小戎说。

　　阿尔金山国家级自然保护区平均海拔高度为 4500
米，但就在这样的高寒地区，却有着如此宏伟的溶岩，
这至少说明，在早期的地质年代，这里曾是温暖湿润
的地方

"对呀！这里的奇山怪石也可能就是经过几万年、几十万年盐化、风化雕琢出来的，不是有句成语'水滴石穿'吗？"

大自然竟给人类创造了这样奇妙的美，这么多的惊喜！

突然，天初"嘘"了个噤声："听，左上方的山上。"

攀崖高手

是的，那里有碎石滚落声，引得全都抬头仰望。

又是零落的碎石滚落声，夹杂着石子的撞击声。

"是山崖滑坡、崖崩的前兆？"是谁紧张地嘀咕了一句。这在西部山区是常有的地质灾害。

小张说："赶快离开，到平地去！"

有人立马跑了起来。天初未跑两步，看我和李老师还站在那里仰望，也就收住脚步，往上面看去……

"羊，野羊，大角羊！"天初惊喜得压低了声音。

三四只青色的羊正争先恐后，纷纷挺着犄角，举起前蹄，猛蹬后蹄，跃上了三四米高的陡崖，没有停歇，连连往上蹿跳。

"哥们，有这样的攀崖比赛？酷呆了！绝了！"

那黄褐色的崖很陡峭，总有六七十度，还光滑得像面镜子。

"奥运会也没有这样的竞技项目！"

"野性的美只有在大自然中才能看到。动物园里是绝

对看不到的。"

真的，又有五六只野羊从乱石中跳出来，只见一条直线似的青色的背脊一耸，已蹿到陡崖上，再一级一级地往上腾越……犹如青色的闪电，向高山迸射！

"这是哪家武林绝招？飞檐走壁？"

是在逃跑还是在嬉戏？

是的，它们将生命的灵动、壮美展现得淋漓尽致。

待到十几只羊全都到达崖顶，只见原来已立在那里的一只羊，领头横向跑起——没有准备动作，没有助跑，只见风驰一般，率队斜向往下方跑去。

野羊们专拣嶙峋、尖削、陡峭、峥嵘的山石落足，四五米的山涧一跃而过，犹如飞鸟一般，绷紧躯体飞掠或腾挪，飘逸、精准，灵敏地在乱石中驰骋……有只羊最少有三次险些就要跌落山涧粉身碎骨，可它只是稍扭身姿，前蹄就准确地落到了石尖上，只借那么小小的支点，已飞跃向前。

大家看得屏气凝神，眼花缭乱，瞠目结舌。

"难道有追兵？是雪豹？"不知什么时候，小戎凑到了我的身边。

"那它们就危险了！"小张说。

李老师说："等着看吧！"

是的，我也想过野羊可能是被哪位猎手看中了，才这样玩命地奔驰。但在这样陡峭的山崖上，狼并不占优势，上苍给了岩羊们生存的绝技——在悬崖峭壁中奔驰跳跃的本领，否则就不会叫它们"岩羊"了。狼没有，它们只适宜在平缓的地方施展狼群战术。

只有高原骄子雪豹的食谱对岩羊情有独钟，雪豹甚至常常在高山看守着一群岩羊，每周只猎取一两只，似是牧人。然而雪豹是夜行客，不可能大白天出来行猎，那么只剩下一种可能——岩羊的生存技巧本来就是这样。

"哥们儿，来个慢动作，让我看得清楚点……"是谁童心大发？

似是心有灵犀，羊们真的骤然落在乱石耸立的小山谷中。那里闪着绿色的光芒，一丛丛的绿草探出头来。

岩羊们全都各自觅食，聚精会神地埋头大享口福。

我猜想，很可能是羊王发现了一片草地，呼唤、指挥、带领羊群觅食——在这样高寒、苦寒的山上，能长出绿草的地方并不多。岩羊们的生存是艰难的，而艰难的生存环境总是锻炼出顽强的生命、高超的生存技巧！

这就是大自然的法则！

"是大角羊？哈哈，跳芭蕾舞。野羊芭蕾！是我发现的，真棒，太美了！举足就跳，身子绷得成条线，落到一个石尖上还嫌不过瘾，只点一下又跳起，像三级跳，跳得人眼花缭乱。在动物园哪能看到它们这样的生动活泼！有十几

阿尔金山的岩羊

只哩，奥运会也看不到这样的节目！在这样高的地方，我跑一小会儿就喘不过气，它们太了不起了！"天初大发感慨。

"是岩羊！最喜欢在陡峭的岩石上狂欢奔驰，不是你说的大角羊——盘羊。盘羊的角还要大，还要粗。不过它也是高山动物中的名角。"小戎说。

天初刚动步想往那边去，李老师手疾眼快，一把抓住了他："那样高的地方，你爬得上？还没等你到那，它们早就跑了。"

"我潜伏前进不行？拍几张照片带给同学看。"

"刚才为什么不拍？乐得、惊得忘了吧？"看天初嘿嘿地笑着，李老师又说，"你看那旁边岩顶，是只羊吧！它正在放哨，守卫羊群哩！要不，它们还不早就给雪豹、狼吃完了。我们就这样观赏它们不是更好吗？"

小张捡了块石头就想砸过去，大约是再想看看它们在乱石中飞奔的雄姿。天初却一把拉住了他的手："让它们多吃点吧！"

岩羊们也有灵性，一会聚到一起，一会又向山顶觅食，没有惊慌，没有离去。只是哨羊一直眺望着我们。

我们还有行程，只得依依不舍地离开了岩羊，沿着阿牙克库木湖向保护区的腹地进发。

野驴挑战

其实，我们正行走在库木库勒的盆地中，这里的海拔大约三千八九百米，比之于 6973 米的木孜塔峰和周边环绕的 35 座 5000 米以上的山峰，相对高差在两三千米。盆地的感觉非常明显，不像在柴达木盆地中，几乎没有盆地的感觉。

如果说地球陆地上有惊天动地的事，当然是 200 万年前隆起了约 250 万平方千米的青藏高原——地球上最大的高原。而库木库勒盆地，正是在这惊天动地中诞生，是地质构造赋予了它雪山、冰川、沙漠、河流、湖泊……生境多样，生物多样，浓缩了青藏高原的壮美。

8 月，正是高寒草地的盛大节日：金色的毛茛、碧绿的点地梅、红的补血草花、紫色的紫苑花、玫瑰色的刺叶柄棘豆、紫荧荧的花瓣上现出白斑的马兰花……一片灿烂，映得水沼流彩，连天上飘浮的云朵也有了多种色彩。

各种生物都在抓紧这短暂的夏日，展示生命的美丽，完成生命的重任。

"太美了！我从来没见过这样美的地方，画上、电视上也没见过。大自然太伟大了！"天初不断地赞叹着。

草地上，这里那里都盛开着一丛丛金黄色的花，毛茸茸的，团团锦簇，在繁花中出类拔萃，撩得魏师傅竟停下了车。我们欣赏着它能在这高寒地区将生命渲染得如此繁华！虽然叫不出它的名字，但却永远凝固在心头。

"爷爷，看我捡到什么。"天初如获至宝。

这是一块美妙的石头，比鸽子蛋大，如羊脂一般，妙在圆润的石头上披了一件红色的披风。

"啊！昆仑玉，还是块籽玉！"李老师无限欣喜！

"真的吗？"

魏师傅也拿到手里看了看，忙说："真的，是昆仑玉，还是极品籽玉，一丝杂质也没有。回家钻个孔，戴在身上，保你品学兼优。玉象征着人品，小伙子，你和它有缘呀！"

"真的是玉？不是风凌石？"天初还在求证。

"你看它美不美呀？"我说。

戈壁上的红锦天

　　"太美了！"

　　"玉就是美石，美石就是玉。它沉甸甸的又这样圆润，和风凌石迥然不同！"

　　"你记得青藏高原曾是大海，怎么忘了和田玉就出自昆仑山。和田在昆仑山的北坡。那天从格尔木去可可西里，路上不是看到玉矿了吗？而这种玉在昆仑山的南坡。2008年北京奥运会奖牌上用的就是这里产的玉。"李老师说。

　　"我要送给爸爸，他最喜欢玉！"

　　"怎么宝贝都让你捡到了？真有缘！"

　　"玉有灵性，有缘分才能发现。你们别瞎忙乎了。"

库木库勒盆地草甸中灿烂的黄花

魏师傅说。小张和小戎他们都在东找西寻的。

李老师问："这里还是阿牙克库木湖？湖面这样窄？"

我说："以路程计算这里应是注入湖中的河流了。你看，对面是巍峨的雪山，其下应是库木库勒沙漠，沙漠之下是草地、湖泊。看到湖边那幢房子了吗？是进入保护区后看到的唯一一栋房子，它应该就是保护区中心站依协克帕提。那湖就该是依协克帕提湖。看来我们很快就要进入野生动物王国了！"

前面的皮卡车果然向那边拐去，那几幢建筑果然是依协克帕提中心站的院落。我们进去办手续时，保护站的小果同志热情地要我们喝水、休息，同时指引了前面的路程。

原想去湖边看看。鸟类学家马鸣教授曾对我说过，湖边栖息着高贵、美丽的黑颈鹤。他在那里建立了野外观察站，有研究生驻守。黑颈鹤是生活在高原的鹤类，也是动物学家认识得最晚的鹤，在我国只有云贵高原和青藏高原有分布。但因为时间太紧，而且我们8年前在可鲁克湖曾探索过它，更何况关于路程和时间的把握，我早作了精细的盘算。

从河中捞出的昆仑玉原石

出了中心站的大院，才发现斜对面还有一幢大房子。忙向前去探看，原来是乡政府，四合院高耸，内院宽阔。我赶紧招呼天初和李老师来看看。据介绍，这个乡只有10户牧民，但面积却有45000平方米，应算作全国人口最少、面积最大的乡。

出了中心站，草地上只有淡淡的路影子了。停了车，大家商量着前进的路线，小张和他的朋友介绍着情况。正说着话儿，忽然听到噼里啪啦声，只见小戎他们甩手就往脸上、脖子上打。一看手掌，鲜红的血迹。小张大叫："快回车上，蚊子起阵了！"

我这才看到草地上空一团团黑麻麻的飞虫。

天初跑得快，拿了面罩就套到头上。大家都躲到车里了，只有他还站在外面，还用手招着蚊子，是想试试新鲜的装备？大约是天又阴沉下了，还是因为久未闻到血味，蚊子起阵了。待躲过蚊阵偷袭，我要大家注意靠湖的方向，更要前面的皮卡车掌握速度，一得到我的信号就将车停下。

"看右前方3点钟方向！"李老师小声提醒。

有一长列阴影在恍恍惚惚的蜃气中，像是林带。"不，高寒地区不可能有乔木，哪里有林带？"我自言自语着。

天初听我这样一说，忙问："这是不是海市蜃楼啊！"激动得像是讲悄悄话，生怕惊到景象顷刻消失。他的话立即在我心里激起波澜。赶忙给前面的车发出信号，要他们停车。

在西部戈壁滩上行走，前方途中常常出现湖泊、房舍、山丘潋滟——这些大多是充满奇幻的海市蜃楼。

阳光下，戈壁滩上地表蒸发的地气袅袅，古人用"蜃气"称谓是最智慧、最恰当不过。那一列在蜃气中的恍恍惚惚的影子在移动，从湖边向草地上飘移……

"野马？"天初问。

"野驴！"李老师说得很肯定。

我要魏师傅快速向前。

天初用另外一副打扮迎接起阵的蚊群

　　一道棕色、淡黄、雪白的彩色光带飘忽而来，一队色彩鲜明、靓丽、五光十色的野驴出现了。

　　好家伙，得有八九十只！队列整齐，服色华丽，犹如一列仪仗队，已快横到我们面前。

　　它们身材匀称，深棕色的背脊和白色的肚皮，颈项飘拂着鬃鬣、长脸，头部一块雪白的银斑，简直是草地美人出行图！

　　皮卡车按捺不住，猛地向前冲去！

　　野驴成一列纵队向雪山脚下飞奔，矫健的身姿犹如在绿地上飞驰，腾起一股尘烟。

"是飞马！快追。"天初大叫。

魏师傅哪里还能按捺住，还未等我说话就猛地冲了出去。我的头一下就撞到了车顶，只得赶紧抓住座位。车也像一叶扁舟在大海上乘风波浪，戈壁滩颠得人像坐过山车一样上蹿下跳。

野驴的队列纹丝不乱，纪律严明。突然，一只野驴调转方向往回跑来，原来是它的孩子掉队了。领队的雄驴立即放慢了脚步。

皮卡车追了上去冲进扬起的沙尘中。

野驴群又迈开四蹄，飞奔起来。看样子那只掉队的小驴已被妈妈领走，只见扬起的沙尘更浓厚了。

两部车子狂奔。皮卡车的小张和魏师傅似是配合得相当默契，从两边包抄，大有不追上野驴誓不罢休的气势。也许是野驴的可爱，激起他们童心大发吧。

我担心太干扰它们了，于是大声喊叫："停车！快停车！"

魏师傅清醒得早，马上将车停下。我立即要小张也将车停下。

野驴们也停下了，回头看着来客。那顽皮的目光好像是说：哥们儿，怎么不玩了？再比比吧！

只见皮卡车又追了上去。驴王未动，只是盯着皮卡车，待到距离还有二三十米时，它才迈着小快步率领队伍移动了。眼看车快追上它了，它才突然加速，飞驰而去。

皮卡车停下了。

驴王也停下了，仍是回头狡黠地盯着小张他们。

皮卡车又追了上去。

驴王故伎重演。它大约也很难得遇到这样比赛的机会，找找乐子，享受着幸福时光。

小张他们回来了，在欣赏到野驴之美、阿尔金大美之后，他们兴奋而激动地谈论着。欢乐像是一片五彩云，飘荡在草原上。

小戎问："刘老师，你怎么知道在这边能看到野驴？"

我只是笑而不答。天初也猴急地问来问去，问急了，李老师才说："他一定是看到了中心站边的湖。"

小戎还是不解，这湖跟野驴有什么关系？

"它叫伊协克帕提湖吧？'伊协克帕提'在维语里是什么意思？"

小张的那位朋友说："好像是'野驴踩陷下去的地方'。"

小戎一拍脑瓜："对呀！能把平地踩成湖，还不是野驴成群的地方！就是现在，这里还生活着两三万头野驴哩，真是野生动物王国！"

"这只是其一，还有。"李老师又说。

小戎还是愣愣的。

"野驴为什么要到伊协克帕提湖来？"李老师在运用

启发式了。

小戎高兴地说："嘿，看我浑的，它们来喝水！食草动物胃火大，晨昏都要来喝水。这个湖是淡水湖。难怪刘老师不时看表哩，总是催着我们，就是要赶在黄昏时到这里！真的，野外考察学问大着哩！"

谜团解开给大家带来了发现的快乐。

小张说："这里的老乡不叫它野驴，都叫它野马哩！"

"叫'镶边儿的野马'。那道雪白的边镶在棕黄色的身上太漂亮了。"

天初得意地向我看了一眼，意思是他说是野马也没错。

其实野驴并不是家驴的祖先，它是野马的近亲。两者都属于奇蹄目马科，这还是一位动物学家告诉我的。

我催促大家赶快上路，前面就该到库木库勒沙漠了。绵延的沙丘在傍晚忽隐忽现的阳光下，闪着金子般的光芒。

其实根本用不着我催，蚊子已经闻到了人的气息，黑麻麻的一片正向人群飞来。

野牦牛的生存技巧

路旁不断出现三三两两的野驴。

远处，还有几只雄性的藏羚羊，挺着长长的油黑闪亮的犄角，迈着悠闲的步伐。但我们要赶路，要赶到大沙漠去寻找野牦牛。

车子在狂奔，我们牢牢地抓住车子，只有天初开心得大叫："让颠簸来得更猛烈些吧！"

西天云层中骤然射出霞光、霞霓，将沙丘照得明暗分明，粒粒金色沙子构成细浪般的沙纹，如鳞，如云，沙丘、沙浪、明镜般的沙子湖组成多姿多彩的雕塑。

前面就是库木库勒沙漠了。在这个大盆地中共有面积约 3000 平方千米的沙漠，大致分成了 5 片。虽比不上塔克拉玛干大沙漠的浩瀚（3.6 万平方千米），但有金字塔状、新月形等千姿百态的形状，雪山、沙丘与湖泊、泉水、草甸多种生境的相依相偎，创造了和谐之美。

它是世界上最高的沙漠，海拔在 4800 米至 5000 米之间，比起号称世界第一高沙漠的阿塔卡玛沙漠（南美洲，海拔3000 米）还要高出近 2000 米。

最奇异的是沙漠中有湖、有泉，上百个泉眼连成一条线——泉线。最大的沙子泉有三口，其中最大的一口泉眼直径为 200 米。试想一下，那喷涌的水柱、水花，是多么壮美！

水是生命的源泉，它在生命荒凉、沉寂的沙漠中创造了一个个绿洲，张扬着生命的风帆！这不是天域又是哪里？

我虔诚地仰望着金字塔般的沙漠、沙子湖、沙子泉，心中溢满了神圣！这是世界上最宏伟、最多彩的沙雕艺术世界。

停下脚步的野驴，像是在思索着下一步的行动

奔驰的野驴

太阳已到达大山的背面，沙海又显出了另一种景色，霞光将它涂抹出奇幻的色彩，黄晕逐渐笼罩，明暗的大沙漠呈现了万千气象。

皮卡车停下了。小戎下车，指着 10 点钟方向。

我们也将车停下。

满目都是沙雕作品，心灵在艺术的殿堂中徜徉。

小戎说："那个正对着我们的、向南偏西的大沙梁，沙梁的阴影下……"

我也看到了，有一块漆黑的方阵，黑得油亮、闪光。

"在移动！"天初、李老师也看到了。

这次最大的失误是临行时没把准备好的望远镜装进行

李中。

我按着怦怦跳动的心，一再告诫自己沉稳一点，可还是……太清楚了，连那风中在它高耸如山的前胛的颈项上卷扬的鬃毛都看得真切。

"像是黑方块，棱形的黑块块。啊！有角，黑黑的弯角！野牦牛！"孩子眼尖，天初比我们看得真切。

确是野牦牛，有二三十头，它们正缓缓地向山上走去。

阿尔金山保护区是天然的高原野生动物王国，生活着藏羚羊、野驴、野牦牛——三大有蹄类动物明星，还有着几万只盘羊、岩羊、狼……

成年野牦牛身长可达 3 米多，肩高有 1.7 米左右，体重在 1 吨多，是阿尔金山动物世界中的巨无霸。家畜牦牛的毛色有花的、黄的、黑的，体重也只有野牦牛的一半，而且野牦牛似乎都是黑棕色的。

要维护如此庞大躯体的生命，野牦牛在长期的生存竞争中已进化出一套适应高寒地区的生理机能：它鼻孔粗大，气管短，胸部宽广，心肺发达，便于大量储存和输送氧气，以适应高原气压低、缺氧的环境。据科学测定，它的血液中红细胞、血红蛋白的含量等指标，比一般的家畜牛要高50%-100%。

它们生活在海拔 3500-6000 米的高山谷地，海拔 4000多米的库木库勒沙漠，成了它们最好的家园。因为白天可以到低海拔的地方吃草，到沙子泉中喝水，而夜晚则可隐蔽在沙丘的谷地中。它们剽悍，凶猛异常。

牦牛群还在往上走，身影虽然模糊，但它们确是野牦牛，这已毫无疑问。

"野牦牛每天都是这样——早上从沙漠中出来，到山下吃草、喝水？"天初问。

我说："当然！"

"这不太麻烦了？"

"野生动物与所有的动物都一样，都以食为天。但有个前提，这个前提是什么？想想看。"小戎肯定是看到了天初那副思索的神情，激发了兴趣，给他出了题目。

"安全第一。总不能为了吃到食物把命丢掉吧！我说得对吗？可它是这样雄壮，谁敢惹它？"

"有意思。别忘了，这里还有雪豹、野狼。"

"爷爷写的《追踪雪豹》我读过。雪豹是独行客，体重只有它的十分之一，一对一，雪豹根本不是它的对手……狼，狼能成群，机智又凶狠的狼群肯定是野牦牛的最大敌人！"

"那么你想明白了野牦牛为什么要隐蔽到沙漠中了吧？"

"对呀，对呀！狼的四腿在沙山上一踩就陷下去了。那天我在青海湖边爬沙山时，爬两步滑一下，总也使不上劲，怎么也走不快。失去了速度，也就失去了攻击力量！野牦牛真聪明！"

天初兴高采烈。

大家都为他热烈地鼓掌。

"好好看吧！阿尔金山保护区有六七千头野牦牛哩！还是尽情欣赏高原动物王国的壮美吧！这里是观赏高原野兽类的最佳地理位置，很难再有别的地方了。"

鸟战风云录

5月13日，我和老钱刚到中转站，迎面扑来好消息：动物考察组明天要上牯牛降，探索飞禽走兽的垂直分布。这真是出乎意料，这是我早就向往的事，真是巧！

牯牛降自然保护区，紧邻黄山西侧，横跨安徽祁门、石台两县，面积10万亩，多是荒无人烟的崇山峻岭。主峰牯牛降峰海拔1728米，据说是华东地区第三高峰。

引起科学家们的注意并决心要探索其中奥秘的原因，是它的独特的森林群落——这里生长着成片的红楠林、鹅掌楸、第三纪的孑遗植物糙叶榆、青栲……它是我国亚热带难得的一处森林生态保护区，在其密密的森林中，隐藏着一个喧嚣而繁盛的动物世界：梅花鹿、四不像、短尾猴、云豹、黑熊、大灵猫、白鹇、白颈长尾雉、相思鸟……在华东地区已很难见到这些珍奇动物的身影了。谁不想在密林中一睹它们的芳容？谁不想体验那种悄悄跟踪、紧张等待的神秘感？

我们向李胜林站长提出跟去牦牛降的要求，没想到他却沉吟不语,面有难色：一双圆圆的眼只管在我们身上打量,像是登山队长在挑选最后冲击珠穆朗玛峰的队员。半晌,他见我们两个虽然一胖一瘦,但都是一米八的大汉,身大力不亏,又是满脸渴望,才憋出一句话：等和动物组汇合

四不像：有两种说法：一种说法指麋鹿,一种说法指驯鹿。

麋鹿　体长2米余。毛色淡褐,背部较浓,腹部较浅。雄性有特殊的角,主干离开头顶后双分为前后两枝,前枝再两分叉,后枝长而近于直。尾长,下垂到踝关节。一般认为它角似鹿非鹿,头似马非马,身似驴非驴,蹄似牛非牛,故俗称"四不像"。

性温驯,以植物为食。是中国特有珍贵动物,野生种已绝迹,现建有江苏省大丰麋鹿保护区和湖北省石首麋鹿自然保护区。为国家一级保护动物。

驯鹿　肩高一般1米余。体色夏毛深褐,冬毛棕灰,颊部灰白或乳白,尾白色。

雌雄都有角,角长,分成许多叉枝,有时超过30叉。蹄宽大,悬蹄发达。尾极短,亦俗称"四不像"。

性较温驯,有迁移性,善游泳,每胎一或两仔。以地衣、嫩枝、谷类和草类为食。

分布于欧、亚、北美三洲的北极圈附近；中国仅分布于大兴安岭西北部。人类驯养已有千余年历史,在北美洲尚有野生的。可用以驮物和拉雪橇。

了再商量吧！我们紧张的心总算松下来了，他毕竟已将牯牛降的大门向我们开了个缝儿。等到我们经历重重危难下山后，才理解了他的慎重是出于多么细致的关心和对后勤工作的筹划。

从高空中看，牯牛降保护区宛若一片阔叶树的树叶，考察队在它周围设了四个营地。这个中转站负责支援金竹洞、祁门叉营地的一切后勤。它所在的石台县大演乡星火村，是明代文学家、抗清名士吴应箕（字次尾）的故乡。《桃花扇》的故事在这里几乎是家喻户晓，因为它开头就写了这位威武不屈、最后被清兵所杀的领袖。在院里，还残留一块刻有吴应箕手迹的石碑，只是在"文革"中被砸成两截了。

午饭后，我们赶了十多里山路，到达明天登山的支撑点——合山。这是个藏在危石林立、大树覆盖下的小小山村，海拔虽只 400 多米，却紧靠在主峰的山脚。村后密密的栗树上，迟发的花积雪一般拥在枝头；早花刚蔫了，长长的花穗已在孕育栗红栗红的球果。肥大的端午锦，挺拔的花箭上大朵大朵的鲜艳花朵染得村头、小巷一片灿烂。一种被当地称为"臭牡丹"的花卉，如盘的花穗上簇拥着无数紫色小花。

山谷中传来"砰"的一声枪响，宣布动物组已从金竹洞赶来。凭经验，这是双筒猎枪的特殊声音，也只有动物组才用它采标本。我们话未落音，喧哗嬉笑声已和一支队

伍同时飘了上来。

清风拂来了山村漫漫的傍晚，带来了森林的芬芳和泉水的清凉。低吟高唱的鸟鸣，在山坡上、溪水边、树冠中热烈地婉转啁啾，鸟在繁殖季节的歌声特别美妙。

带队的师大老师李炳华，是位在鸟学上颇有成就的中年人，我们已相识多年。我曾多次跟随他瘦长的身影，在山野中考察、寻觅黄山短尾猴和梅花鹿的踪迹，时时感激他在那些难忘的岁月中对我的种种关照和帮助；连初次和他见面的老钱也很快发现他在说话中提到鸟名时总是抑扬顿挫，很有韵味，使听者感到那不只是一只鸟的名字，而是一首长诗中的一句一节！

老熟人相见，格外亲热。我询问他这些天的收获，他刚开个头，就被你一言我一语的插话、逗趣打断——动物组主要是他和几位老师率领了七八名实习的大学生。他们头次进山，要将课堂上学到的知识运用到生动活泼的动物世界，能少得了笑话？突然，李炳华提枪从我身边擦过，同时有谁惊呼了一声："鹞子！"

天空中有只麻黑色的鸟，傲慢而又矜持地滑向一棵高大的枫树，再一侧翅，来了个很潇洒的转弯，连迎风抖动的羽毛也看得清清楚楚。李炳华盯着它在大枫树上空盘旋，好不容易等到它进入射程，谁知刚举枪，它却如一道闪电射向远方。李炳华只好失望地往回走。

年青的大学生忍不住要为老师说两句："别看它只有斑鸠大，可是个又凶又狠的家伙，偷鸡叼兔是家常便饭，在飞行中捕捉小鸟更是拿手好戏。我见过它抓麻雀，利用速度上的优势从后面追上，俯冲而下，

黑卷尾

一口啄通麻雀的头，再带到树干上大撕大嚼。"

我曾在九华山的一个村庄，见它在高空模拟一串母鸡的呼叫。沙浴的小鸡匆忙从竹丛跑出，它却一侧膀子冲下，抓了一只小鸡就飞起……

小小的插曲过去，大学生们又热烈地谈论起建立在窄窄山沟边的营地、对岸迎面石壁的巨大、活捉竹叶青蛇的英勇、夜晚捕石鸡的妙方……

一阵鸟噪震耳，只见几只黑卷尾鸟闪着辉蓝的光辉，愤怒地叫着，从山坡大枫树上飞出，追着鹞子而去！

这家伙什么时候又溜回来了？

刚才还不可一世，现在却一声不响，狼狈得如被抓住的小贼！在它的左侧，有两只黑卷尾鸟，右侧有三只，这不是为大人物护航，而是两面夹击！追迫兼威逼——黑卷尾鸟从两侧很有章法地频频进攻。左侧一只刚用翅膀扑击，鹞子凶狠地伸嘴迎击，却疼得一抖。原来，右侧

冲过来的黑卷尾鸟已在它尾上厉害地来了一口。鹞子只得抬头升高，那只先头用翅扑击的黑卷尾鸟已反转身子压在它的头顶，天空飘下了几片麻色的羽毛。

黑卷尾鸟们纵横飞掠，轮番冲击，终于打得鹞子抱头鼠窜。黑卷尾鸟们追了一段之后，却不约而同地返航，飞回山坡的那棵老枫树上，似乎守着一条无形的防卫线。

别看黑卷尾鸟通体漆黑，但刚才在夕阳下飞翔时全身闪烁着辉蓝色金属般的光泽；返回到绿树中穿行，却又泛着莹莹的宝石绿。随着栖息环境的变异，竟产生了奇妙多变的光彩效应，再加上长长的尾叉、微微向上卷起的尾羽，使它显得格外庄重而俊秀。

据说外国古典名著中的美女大多着黑色衣服，人类既然可以借鉴画眉鸟的白眼眉用炭笔描出弯弯蛾眉以修饰，如何就不会学习黑卷尾鸟的服饰呢！

每年春天，只要黑卷尾鸟从南方归来，人们总是立即

黑卷尾：雀形目卷尾科的鸟类。体长约30厘米。通体黑色，上体、胸部及尾羽具辉蓝色光泽。尾长为深叉形，最外侧一对尾羽向外上方卷曲。
繁殖期有非常强的领域行为，性凶猛，非繁殖期喜结群打斗。
平时栖息在山麓或沿溪的树顶上。主要以夜蛾、蚂蚁、蝗虫等害虫为食。

知道。晨曦刚刚透出，村庄还在一片黑暗之中，树丛中立即响起它那特殊的鸣唱。之后，间歇一下才是乌鸫、白脸山雀、杜鹃、棕噪鹛、相思鸟等婉转多变的鸟鸣。正是它的叫声引来了朝霞，秀丽了峰峦，绿茵了山坡。于是黑卷尾鸟被誉为黎明鸟。它对光的敏感，是科学家们特别感兴趣的。因为鸟类黎明时鸣叫的次序，是受晨光亮度影响的。

黑卷尾鸟苏醒后的叫声很特别——喷咯唧！清亮而又悠远，划破了黑夜，遍布了黎明。外祖母就是以这为名教我的，要我学"喷咯唧子鸟，不赖被筒子"，早早起床。后来我发现它还有种像是哨声划破晴空的鸣叫。有次还曾上当受骗，原以为是只白头翁躲在林中，撵出来的却是它，于是我又知道它还会学舌。刚才黑卷尾鸟和鹞子作战，那种叫声就是短促的单音节的"喳喳、喳喳"，恰似喷出满腔的愤怒、战斗的呐喊，原来它的喜怒哀乐也形之于声！

三四年前在北方，当有人指着黑卷尾鸟叫它是"吃杯茶"鸟时，我是多么惊讶！急急询问，那位同志避而不答，却叫我注视着枝头的一只黑卷尾鸟。

不一会，它掀翅扑下。捕到一只小虫后，又上升，停到另一枝头。很像一位猎手在山脊上看到了山谷中的野兽飞身而下，得手后又爬高到对面的山脊狩猎，英勇而矫健。它专门捕食昆虫，还将危害极大的松毛虫当作美味，森林工作者美誉它为森林的卫士。突然，它一俯身，原以为又发现猎物，谁知却直扑小溪，飞掠而过，在水面留下一圈圈涟漪。在我观察的半个小时内，它竟有五次掠水掬饮。难怪落下了这个既幽默又有情趣的名号。

黑卷尾鸟虽然勇猛，但若在平时以单个比，它的飞行速度和凶狠都绝不是鹞子的对手。今天何以弱小打败了强敌？

其实，一看鹞子从枫树中飞出的姿势，就知道它的处境不妙——刚飞起还未能加速到疾如狂风的速度。无论是在空中或是俯冲捕获猎物，也不管是先用嘴啄通小鸟的头，或是用利爪刺入小鸟胸部，猛禽都需利用高速飞行来获得冲击力。鸟类学家做过观察：游隼在空中追击小鸟过程中冲击时的最高速度可达 100 米/秒！正是靠着这样的速度，它伸出脚掌猛击鸟头，然后才能在空中抓住昏去的猎物。我见过老鹰在田野里和鸭子共同觅食，彼此相安无事！

除了起飞这方面的原因，要清楚鹞子失败的全部原因，就像研究战争不可不追寻战争的根源。它们这场恶战的起因和第二天早晨发生的战争，几乎同出一辙。

晚上研究的结果，李胜林同志终于同意我和老钱跟随动物组登牦牛降峰，但因为实在难以解决在山上的宿营，改为当天往返支撑点。算起来，上山要走六七个小时，下山四五个小时，且这里还是剧毒的五步龙的产区，那将是异常艰苦危险的行程。然而，我们还是满怀希望地进入了梦乡。

晨星还在天幕眨眼，我们就被鸟鸣叫起，歌声是那样悦耳、清新。

五步龙

"牯牛角挂云了，中午后有大雨。"没想到刚出门，长脸佝腰的房东兜头泼来一盆冷水。

天是蓝的，东方的霞光正扯起金线，朗朗的晨光中，沾着露珠的树叶绿得耀眼。回头眺望牯牛降峰，它一改昨天的雄踞虎伏，被淡淡的雾笼罩着。在两只犄角上，确实挂了两片浅色的云，风卷云涌的刹那间，牯牛复活了，蹬开四蹄飞驰着穿云破雾，迷离而又奇幻！

就算要下大雨吧——山里的小气候古怪，当地有民谚"一山有四季，十里不同天"，气象学家们往往戏称为"三层楼"天气。雨中领略云锁烟裹中的牯牛雄姿，不也别有一番风味！

正要回答房东的关切，北面一棵黄果朴树上爆发了杂乱的聒噪，战争风云骤起。黄果朴树高大粗壮，树冠如片绿云罩住了山村。秋天，它挂满了酸甜的金黄小果；春天，鸟儿们在花朵中筑起一个个巢——在这生命的摇篮中哺育新一代。树叶太茂密了，只见两只挺着华丽长尾的蓝鹊，若无其事地飞进飞出。画眉在远处一个劲儿地叫着："如意！

如意！"树莺却捏着嗓子喊："去——回去！"扑翅声和噪鸣紧一阵、松一阵地从密叶的这里或那里传出，像是不断在追逐。大家莫名其妙，焦急地左瞅右瞧。谁说了句俏皮话："要是解说员蹲在大树上就好了！"逗得笑声哄起。

是的，还真像在球场的围墙外，只听得里面热火朝天，却见不到酣战的双方和精彩的球艺呢！

不知是一阵哄笑的结果，还是战争的必然进程，一只红嘴、红脚、翅有淡斑——且有一块似乎特别大，像是小朵白花——全身乌黑的鸟儿不慌不忙地从绿叶中飞出。刚走出屋外的李炳华充当了解说员的角色："三宝鸟，飞翔时全身三种颜色都展现出来了！"

接着是两只喜鹊"喳喳喳"地追来，它们上下翻飞，前堵后截，配合默契，频频向三宝鸟发动攻击。

"难得的场面，注意！大家都注意，三宝鸟要进行特技飞行了！"临时解说员赶紧解说道。

三宝鸟已数次被迫折回头，但又被截住，左冲右突还是未能逃出包围圈。眼看就要遭到不测时，它一翻身，像颗子弹似的来了个直线弹射，险得就要撞到大崖时才一侧翅，划了道斜线升空，猛然挣脱了纠缠。喜鹊眼巴巴地看着向远方飞去的仇敌，只好鼓噪收兵。

且听李老师的评判，因为他带了实习的学生：喜鹊和黑卷尾鸟都是为了护巢，但却各有千秋。眼下正是繁殖季节。

鹞子早已侦察到黑卷尾鸟巢中有嗷嗷待哺的雏鸟，趁黑卷尾鸟外出觅食时，鹞子企图偷袭雏鸟。第一次是被我提枪去吓跑了；第二次正要下手时，黑卷尾鸟及时赶到，于是展开一场殊死的搏斗。

通常的情况下，黑卷尾鸟根本不是鹞子的对手，但在繁殖季节，亲鸟特别凶狠。我们昨晚已去看了，那上面有三四个窝，大家团结奋战，轮番进攻。再说，鹞子总是做贼心虚的。

在青海湖鸟岛，曾发生过这样的事：正在繁殖的斑头雁群起反击前来偷袭的狐狸，逼得它东躲西藏。在斑头雁的轮番俯冲下，狐狸没有片刻的喘息，最后终于倒地毙命！

母爱能产生惊人的力量！

正说着，黄果朴树上又响起喜鹊的喳喳和扑翅声。还是在那个方向，又飞出了三宝鸟。那块大大的白斑，证明还是刚才的那只。喜鹊追了一阵，撵走敌人，也就回巢了。

等到三宝鸟远去，李炳华很有兴致地接着说："它还要偷偷来的，只不过要迂回些，有个正要下的蛋催得它坐立不安。三宝鸟是果园的哨兵，专吃害虫，但'金无足赤，人无完人'。它的大毛病是不愿理窝，常常偷偷地把鸟蛋产到别的鸟巢里，特别喜爱宽敞的喜鹊窝，让别的鸟儿代孵、代育。你们看到那上面的大喜鹊窝了吧？它三番五次耍无赖，说明它已急不可待。别看喜鹊叫得凶，夫妇之间又很团结，但俗话说'老虎也有打盹儿的时候'，刁滑无赖的三宝鸟总是能如愿以偿的。

"黑卷尾鸟和喜鹊为什么又不远追呢？鸟在巢的附近划了个区，大可几里，小可几百米。未得到许可的鸟儿一进，它立即迎击，直到将它们驱逐出这个范围！"

他的说明，拨得大家心里亮堂，为鸟类世界奇特的战争唏嘘。

我们准时出发了，用砍刀在茫茫的丛林中开辟道路，向云遮雾罩的牦牛降主峰进发。虽然前程艰难，但将有更多、更壮观、更奇特的鸟类生活的世界在等待着我们去观察，去拍摄，去描绘！

海上鸬鹚堡

初探青藏高原

从舷窗俯视，西北黄土高原在 8 月的骄阳下光辉炫目，那起伏的山峦，似是火山喷发、溶岩奔流，掀波涌浪……

"看，右前方的山像不像雕像？"

李老师将我的思绪拉回到从西安飞往西宁的航班上。

放眼望去，天宇展出浮雕——山顶酷似花蕊，射出的条条山岭如菊花盛开。

山原顷刻之间有了生气，山坡上闪烁着油菜花的金黄，黄色的峡谷中流淌着绿的色彩，似在暗示那里是一条河流……

7 月下旬，从北美回到合肥，我和李老师就紧张地做着探索三江源——长江、黄河、澜沧江的准备工作，只十多天就踏上了行程。

　　水是生命的甘泉，一条大河就是澎湃的生命流，繁衍着万千生命，滋养着众多的民族、多彩的文化……可是大江的源头在何处？水从哪里来？

　　有一种说法：地球两极的大气环流造成了万千的气象，冷暖空气的交汇形成了雨雪，雨汇成河，河汇成海；太阳的照射又使水面的蒸气升腾成云，往返轮回、生命更新……

　　生命的本身就像是谜，充满了无穷的奥妙，不仅是文学的永恒主题，也是科学的永恒主题。

　　我们首选青海，并没有纷繁的理性思考，只是因为它是青藏高原的组成部分，有着祁连山、昆仑山、巴颜喀拉山、唐古拉山，有着几百条冰川、几百条河流，是长江、黄河、澜沧江的源头。当时的愿望很单纯，只是要去朝拜，只是要去亲历养育着我们的河流的源头，一次朝圣——礼拜生命之源。其实，单纯中隐含了很多的朦胧，那是因为雪域高原、三江源本身的神秘，神秘产生了无穷的魅力。

　　从 8 月酷暑的合肥来到西宁，顿感凉爽。

　　大气环流： 地球大气圈中不同规模气流运行的综合现象，或指大气圈内空气运动的平均和瞬时状态。
　　研究大气环流的特征及其形成、维持、变化和作用，掌握其规律，对于提高天气预报准确率、研究气候形成的理论以及更有效地利用气候资源，均有现实意义和应用价值。

青海湖边美丽的牧场

自然保护区的主管郑杰，在听完我准备去三江源的计划之后说："那里海拔四五千米，空气中的含氧量只有你们那里的百分之六七十，路途险峻，现在又是多雨季节……"我赶紧说曾去过川西的横断山、大雪山，翻越过新疆的天山……这么解释当然是想打消他的顾虑。

郑杰笑了笑说："这样吧，你们先去青海湖、孟达，然后再说。"

我从他的笑容中感觉到了复杂。我应承了下来，青海湖也是我们要去的地方。

金银滩上的情歌

我们从西宁出发，沿着湟水，穿行于青稞、油菜的农作区。湟源县为分岔路口，至青海湖有西北、西南两条路，我们选择了西北线。湟水渐渐离去，逐步盘桓向台地、高原。羊群和牛群似是随着悠扬高亢的花儿和歌声而渐渐出现。已从农作区到达牧区了，呈现在眼前的是褐色的山、黄黄的土，蓝天也显得格外深邃。漫长的路途，单调的景色，犹显得跋涉时的孤独，不知不觉有点眩晕。忽听李老师惊呼，我眼前突然一亮：雪白的羊群浮在无际的绿草和金黄花朵上，原野斜斜地与蓝天相连，几处池沼的水银亮亮的，色彩明快，景色悠远……

李老师已跳下了车，照相机连连的咔嚓声奏起欢畅的乐曲。我却一直沉浸在陶醉之中。直到李老师停止了拍摄，向导才说："这就是金银滩！是王洛宾创作《在那遥远的地方》灵感来源的地方……"

"你怎么不早说？"

"真正的美是用不着先介绍的。如果你到了这地方，还认不出是金银滩，那它就不是真正的金银滩！说破嘴皮你也不会信。"

话中的哲理耐人寻味。这段话也就一直陪伴着我们在青藏高原探寻。

她那粉红的小脸，

好像红太阳，

她那活泼动人的眼睛，

金银滩

好像晚上明媚的月亮，

……

向导的歌声响起，没想到他还有着一副美妙的男高音。

我们没有看到牧羊女，但又何必去寻找呢？情歌圣手当年流连此处，或许确有一位悠闲放牧的美丽姑娘，但那歌应是对大自然与人的颂扬。如果没有了大自然造化出的这金银滩，即使美神维纳斯再现，也会顿然失色。对大自然的爱才是最为崇高和永恒的，失去了大自然，人类连生存的空间都不复存在，爱又于何处萌动、甜蜜呢？

过了刚察县之后，高原上多了养蜂人，彩色的草原上排列着一溜溜蜂箱……

探寻鸟岛

天，青青的。突然，眼前的青天倾斜了，像是巨浪正在掀起，那流畅的弧特别耀眼，迸射出强大的震撼力。羊群、草原、养蜂人都消失了，我不知所以，不知所在，像是置身在青色、蓝色之中，又像是在冥冥的宇宙中飘荡……直到登上岗顶，一座山峰从湛蓝中挺出，才陡然灵感闪光——如一面微凹的镜子，一片无际的海嵌在草原上。

啊！青青汪成的海，溢满湛蓝湛蓝的海——光与色的交响！

用不着任何提示，大自然已把自己的杰作——蓝宝石般的青海湖呈现在灿烂的阳光中。

面对着她，感叹着那句"青出于蓝而胜于蓝"的精辟，其经典应是对于色彩的深刻感知。创造灵感的或许就是这大湖，她构成了独特的世界，而这个世界的丰富却是难以想象的。

有谁在身后拱动？我从梦幻中惊醒，回头一看，哈哈！一只花牦牛，正伸出舌头在我背上憨舔；五步之外，还有一只通体雪白、额头正中有块黑斑的牦牛，饶有兴味地观赏着同伴的杰作。我乐了，连忙向李老师招手，她心领神会地拿出一包饼干给我，又转身跑向那只白牦牛。我们用食物答谢了它们的友好，它们也让我们尽情地抚摸、端详。

青海湖以如魔如幻的形象，光与彩的世界迎接了我们对她的第一次拜访。

盛夏时节的草原，从绿色中跳出黄色的、紫色的、红色的花朵，特别妖艳，装扮得高原洋溢着无限的魅力，犹如青春少女的明眸红唇。

青海湖的出名，并不是以她罕有的色彩闻名于世的，更不是因为它在海拔 3200 米的高原，也不是以中国第一大咸水湖出名的。在一定的意义上说，她是以十几万只水鸟在湖边构筑的仅 0.27 平方千米的鸟岛而令世人瞩目的。这虽让人感到不平，但也耐人寻味。

然而，鸟岛是季节性的，只存在于每年的 3 月至 6 月。显然，我们已过了那万鸟齐飞、百鸟争鸣的季节，但仍然向鸟岛奔去……

四周巍峨的高山围成了数百公里的大盆地，无数的小溪和泉水汇聚成河。甘泉滋润了草原，河水流向青海湖。彩色的、丰美的草原铺展在斜斜的盆缘，犹如花环簇拥着一颗蓝晶晶、青茵茵的宝石。

我们从布哈河大桥迎着东升的太阳，向鸟岛进发。刚踏入草地，立即进入古诗中描绘的"乱花渐欲迷人眼，浅草才能没马蹄"的境界。羊群如云浮在绿茵中，云雀冲天而起，在碧蓝的天空欢快地鸣唱。但我们急切的心只是系在湖边的鸟岛上，脚步也特别轻快。直到湖边，那水焕发出青蓝青蓝的光，耀得我们有些目眩。仿佛一切都不存在了，只有那水的亮光，如微波浅浪上闪起的摇曳的银星，我们也幻化成了蓝色与青色的迷离……

直到一只鱼鸥俯冲、掠过水面，溅起一个大大的水花。潜水鸟却从水花中冒出，嘴中横衔的小鱼正在摇尾，潜水鸟眼神中充满了胜利的喜悦——一场空中、水底竞猎的争斗，才使我们挣脱了色彩的魔幻，回到湖边现实的世界。

脚下是湖边的西北岸，万顷碧波中赫然屹立的是海心山，再北是隐约于水中的号称三块石的小岛。

多年前我在川西高原时，第一次听到对小小的湖泊称为"海子"时很诧异。我生长在巢湖边，那无边无际、水天一色的巢湖，也才被列为中国四大淡水湖之一。而小小的一个水面，有的只有一口水塘大的面积，却如何能称为海子？是否因为他们远离大海而不识海之浩瀚？

看得多了，我才慢慢悟出，那是因为高原湖泊的色彩：强烈的紫外线，使水色湛蓝、湛青——那确是宝石般的海的颜色。面对着这湛蓝泛青的湖水，我想"青海湖"的"湖"字应是多余的。后来翻阅地方志，果然，古代称青海湖为"西海"或"鲜海"；当地蒙古族兄弟称之为"库之诺尔"，意为"蓝色的海"；藏族同胞称之为"错温波"，意为"青色的海"。蓝与青原本就有着师承的关系，以我们在湖边的观察，在风平浪静时，蓝光弥漫，而当风起云涌之时，顿为深沉。

两只棕头鸥在空中厮打的搏击声引起我的兴趣，谁知它们却一斜翅，前后追逐飞向远天。虽然湖面上的鸟星星点点，但却见不到希冀一睹的群鸟翱翔的壮丽。等到我们想起鸟岛时，却没有发现那处可称为"鸟岛"的地方。不知何时，向导也不知了去向。

茫茫的湖边，只剩下我们俩。李老师有些着急。我说先观察吧，也许有意想不到的收获，这是在野外探险考察中常有的事。比较起来，我更喜欢在没有向导的情况下，凭着自己的感知去发现新的世界，其中自有难以言明的乐趣。

通过长时间的观察，我终于有了发现：间隔不长，总有一只或两只黑色的大鸟行色匆匆，从我们来路的方向飞来，在面前沿弧形航线飞过，直向北面，不久就被一高崖遮去身影。这时，才看到我们身后是一陡峭的崖岸，总有六七十米高。用不着望远镜，从黑鸟飞行的姿态和带钩的嘴，可准确判断出是鸬鹚。渔民称鸬鹚为"黑鬼""鱼鹰"，其极善捕鱼，因而也被渔夫捕来驯养，作为渔猎工具。儿时，我对它那潜水捕鱼的本领好奇极了，曾跟随一头挑着小船、一头挑着鱼篓、船沿上站了七八只鸬鹚的渔夫走失，直到妈妈追来，才把我强行拖回家。发现的喜悦和童年生活的温馨，使我专注于它的行踪了，如能再看一场它在湖中捕猎，那是多开心的事！

它的来路应是布哈河的流域所在，只是我们站在湖边，看不清河流的流向。但从南边隐约的沼泽地判断，应是它注入青海湖的入海口。可那高崖后面是什么？它为什么要往那边飞去？难道是受到了鸟王的召集，急忙赶去参加盛会？

我催促李老师赶快收起摄影设备，急忙转向那边。

海上鸬鹚堡

到了崖下，我才发现石岩掩蔽处有几位工人正在盖房，估计向导是去那边了，但这时我们已无意再去找他。有石阶，很好，我们快步向上。没多久，李老师沉重的喘息声才让我想起这是海拔 3300 多米，空气中的含氧量只有正常的百分之七八十，于是赶快停下，抢过她的摄影包，要她休息。她有些无奈："走……慢点就……行了，你先上去。"

多年来共同在山野探索的经历，使她非常了解我的心情。我也感到胸闷，但还是快速攀登。到达崖顶，是块台地，青草萋萋，野花灿烂。刚到达崖边，右侧湖中迎面的景象，惊得我屏息停步：湖中突兀矗立一黑褐色巨崖，是不规则的圆柱形，似一城堡，与湖崖隔绝约 100 多米，中间为湖水。最令我惊喜的是堡上站满了鸬鹚。在它们的脚下和身旁的岩宕以至整个崖堡，都布满了一个个馒头般的物体，没有一只其他的鸟类。这些鸬鹚依据地形站成一队队的，参差排列，队形整齐；且全部昂头向东北方向注目，神情严肃，屹立不动，俨然如一行行仪仗，正盼望着、等待着检阅；那金色眼圈闪耀着光芒，黑缎般礼服金光闪烁，只有嗉囊在不停地颤动，似是按捺不住内心的激动……

我连忙端起照相机抢镜头，生怕风吹草动时，它们骤然飞起。听到身后沉重的呼吸声，我知道是李老师来了。她的眼里满溢了惊喜，陶醉在从未见过的奇异景象。

"这是童话吧？鸬鹚王国在迎接哪位伟人？"

"等着瞧吧！"

风从湖上吹来，带着咸味和清凉。时间已近中午，高

原的烈日特别刺人，几朵白云异常耀眼。环顾崖顶台地，只有几百平方米，但却是湖边难得的高地。极目望去，南面是连绵的白色沙滩，挤满了棕头鸥，总有上千只，在水面嬉戏，飞起飞落。

对面鸬鹚堡之后的海心山，已并不显得高耸，但林木葱茏。你可别小看了这湖中的绿色小山，它可是著名的神马产地。古称海心山为龙驹岛，史载"每冬冰合后，以良牝马置此山，至来春收之，马皆有孕，所生得驹，号为龙种，必多骏异"，誉称此马为青海。王莽当政时，曾获此神马，可日行千里。

古籍中曾有记载："见海中有物，牛身豹首，白质黑文，毛杂赤绿，跃浪腾波，迅如惊鹊。近岸见人，即潜入水中，不知何兽。"高原深湖多有怪兽传说，闹得沸沸扬扬的"尼斯湖水怪"也在苏格兰高地湖泊。我们曾去探访，那湖并没有青海湖美，更未看到怪兽，却见探索的人群纷至沓来。悬念仍然存留，这倒是一种很具刺激的旅游宣传。理智告诉我们青海湖没有怪兽，但心头却存着希冀，盼着发现意外……

西北天水一色之间，有几块岩石浮沉于水面，那就是三块石小岛了。因为人迹罕至，这几年也是水鸟的王国。

北边是金色的油菜花、青青的麦苗织成的锦缎以及牛羊成群的牧场。现在看清了，明亮的布哈河正是从西边注入青海湖，河口一带闪着繁星般的水沼，北面有一稍高的坡地。

还是没有找到可以称为鸟岛的踪迹。

"快看……"

李老师指着从东边转过高崖飞来的一只黑鸟，是鸬鹚。它飞得不高，我们难得能俯视到它飞翔的姿势，如蓝底上一副黑色剪影，完全不像在水里那般灵巧、活泼。堡上的鸬鹚稍稍有些躁动，似乎还有几声叽咕，但没有大的变化。正在纳闷时，却见那鸬鹚径直飞向了堡的背面。等了很长时间，再也未见到它的身影。这时，却见有两只鸬鹚从堡后飞出，往刚才那只的来路飞去。不知其中是否有刚才飞来的，缘何又多了一只？

更为奇怪的是，别说堡上没有一只其他的鸟，即使在它的附近上空，也没有一只别的鸟飞过。

来青海湖繁殖的主要有棕头鸥、斑头雁、鱼鸥、鸬鹚。虽然现在集中在鸟岛繁殖的季节已经过去，但雏鸟仍须跟在亲鸟的后面，紧张地学习捕获、猎食、飞翔的本领；否则秋风一起，它们就无法担当长途跋涉的重任。我们在高崖那边看到了鱼鸥，北面沙滩群集的水鸟也都说明有其他的鸟类。难道鸬鹚堡附近的空域，是鸬鹚们建立了禁飞区？

虽然鸟类在繁殖季节多有巢区，但连空域也控制得这么严格？那么，它的天敌是谁呢？鸬鹚选择兀立水中的巨崖作巢区，其用意无疑是深壑高垒，建立安全区，狐狸、狗獾等天敌无法渡水偷袭，但挡不了猛禽如海雕之类从空中袭击。如能建立起禁飞区，那倒挺有意思的，但它凭借什么起到威慑力呢？这引起了我们的兴趣。

一前一后飞来了两只鸬鹚，刚转过南边的高崖，立即升高；接着又飞来两只，再后又是两只。堡上响起一阵聒噪，它们没有挪动脚步，更没有作飞起之状，依然保持着严明的队形和行注目礼的姿势，但从羽毛的颤抖能看出它们抑制不住的激动。

最先飞来的两只鸬鹚对准堡头滑翔，降落在一队鸬鹚的身边。这队鸬鹚有六只，与飞来的鸬鹚相比体格显然较小，全站立在崖坎处。这时它们叫着、蹒跚着向落下的大鸟扑去——这只鸬鹚金色的眼圈特别大，像是一轮金环，我们姑且称它为"金环"。离大鸟最近的鸬鹚已将长长的嘴伸向金环的口中，直顶得金环不断扑翅，以求得平衡。其他的幼鸟也纷纷做出同样的动作。两只大鸟要应付这六只小鸟，实在有些不堪重负，但它俩没有显出任何焦躁，反而是温柔地、亲切地对待它们的争先恐后……

看清了，当一只小鸟从大鸟的嘴里（嗉囊）啄出东西时，立即退后、昂头……看清了，是条小鱼。它运用脖子的肌肉颠了几下，将小鱼顺直，只见喉头一鼓，又拥向前，去争夺金环口边的位置。

啊！是它们的父母来哺食！

　　鸬鹚选择在兀立于湖中的堡上生儿育女，既是为了防止狗獾、狐狸的偷袭，也是为了给子女们营造一个宁静的世界

　　确是在等待最伟大的父母。在世界上，谁的伟大和深挚的爱能超过父亲和母亲！

　　在鸟类世界中，有些鸟是把孵化、育雏的重任全部交给雌鸟的，但鸬鹚中的父亲却是责任感非常强烈的。根据动物行为学专家研究的结果，毛色基本一致的鸟儿，其夫妻关系是稳定的；而雌雄羽色差异大的，则多是一夫多妻制，如家禽中的鸡或各种野雉。因为鸬鹚雌雄的羽色差异不大，我们还无法从这样远的距离鉴别出性别，但可以肯定是它们的父母。而从对孩子的态度判断，我感到金环应是母亲。

　　原来堡上一队队的鸬鹚是今年才出生的雏鸟，都是在等待父母狩猎的归来！我们原先只是沉浸在发现的喜悦中，

鸬鹚在堡上筑的巢

忽略了堡上的鸬鹚嘴丫的颜色，其实那淡淡的黄色已报出它们是雏鸟的身份。再看其他几只大鸟，也都在表演着同样的节目。这更证实了我们的发现。

那兀立湖中如堡的巨崖上，密密麻麻的如馒头般的物体，原来是鸬鹚们筑的巢。根据这些巢的密集度粗略地计算一下，在这座堡上繁殖的鸬鹚应在10000只以上！这是多么庞大的群体！

奇特的哺育方式

最先到达青海湖繁殖的水鸟是斑头雁。它们3月初就出现在湖边，接着是棕头鸥、鱼鸥和鸬鹚。它们来后，先是忙于爱情生活，一旦爱情有了结果，便开始筑巢、产卵。经过20多天的孵化，雏鸟出生了。棕头鸥、斑头雁、鱼鸥的雏鸟都是早成鸟，出壳不久就可以随着父母一同活动。鸥鸟的雏鸟要靠亲鸟哺育，它们在亲鸟嘴边啄食吐出的消化物——如母乳一般。斑头雁却是由父母带领着学游泳和觅食。唯有鸬鹚是晚成鸟，出壳后要靠双亲捕获小鱼，储存在口袋式的嗉囊中，哺育一个多月。

从鸬鹚堡上鸟巢的情况看来，这批雏鸟应是最后一批。它们的父母从越冬地东南亚回归时，万里征途中克服险阻，来到青海湖时已是迟到。但它们格外努力，抓紧时间，完成繁衍生命的重任。

就像珍贵的燕窝制造者金丝燕，第一次用唾液筑起雏燕的摇篮，被贪婪者攫走之后，它们会再筑；再被攫取，再筑；频繁的劳作使它们的唾液腺破裂，那再次筑的窝是用鲜血垒起的。

动物在完成生命的重任时，那种顽强不屈、至死不渝的品格，感天动地！

金环被雏鸟顶得连连向后踉跄，雏鸟缩回空空的长嘴，但只停顿一会儿，又伸嘴向金环的口中，在嗉囊中探索，直至失望地缩回嘴，哀怨地哼唧着。金环无奈，又充满歉意地摆了摆空带子似的嗉囊。金环特别宠爱一只幼鸟，用带钩的喙为它梳理着羽毛。另一只亲鸟的嗉囊也被子女们掏空了。

金环又深情地看了一遍它的子女，然后一蹬脚，拍闪着翅膀离开了崖堡，循着来路飞走了。它的伴侣紧随其后。

金丝燕：雨燕科金丝燕属鸟类的统称。
体形轻捷，雌雄相似。上体羽色呈褐至黑色且带金丝光泽，下体呈灰白或纯白色。有回声定位能力，能在全黑的洞穴中任意疾飞。嘴里能分泌出一种富有黏性的唾液，把筑巢的材料（如藻类、苔藓、水草等）黏结在一起。

　　这时，或两两一队，或独自一只的鸬鹚，从北面转过高崖飞来，也有循着原路飞走的，堡上呈现一片繁忙的哺育景象。看样子，这个时刻刚好是亲鸟们已成功地进行了狩猎，将鱼贮存在嗉囊里。小型鸟多是用嘴衔来食物，而鸬鹚体型大，食量也就大；所以才较集中地飞回堡上喂养它们的儿女。或者，它们对子女也是进行定时饲育？

　　它们的猎场在哪里？青海湖渔产丰富，盛产一种名贵的湟鱼，才引来了这么多的水鸟在此繁殖，因为附近的藏民尊鱼为神，不食鱼。它们为什么不就近捕猎？是因为近年来青海湖建立了渔场，大量捕获鱼类；还是因为高原水寒，湖泊中鱼群生长慢？也可能是另有原因。

　　我们还是未看到其他的水鸟从鸬鹚堡空域飞过。堡上几乎已没有了亲鸟的身影，那些雏鸟又恢复了我们刚来时看到的那种姿态，像是饱后的安宁，但似乎还有着隐约的躁动。我总觉得它们有着另一种渴望，是没有吃饱还是觉得父母给的爱抚太少？

　　我们等待着，等待着观赏生命进行曲的下一章……

　　我们终于等到了金环的身影，它还是按照原来的航线飞回来了，在它的侧翼是它的伴侣。速度并不快，似是承受着负载，显得有些滞涩。

　　金环放下收缩在腹部的双脚，就像飞机放下起落架一样，展开翅膀滑翔。这时它的孩子们一片欢呼雀跃，动人

89

心魄的情景具有无限的感染力。金环微微地调整了一下双翅的角度，缓缓而又准确地降落在列队等候的孩子们面前。

最先抢到金环面前的，还是它喜爱的那个机灵鬼，它准确地将长嘴伸入了母亲的嗉囊，贪婪地停留在那里。有两只拥向父亲的身边，它的兄弟们挤它，推它。金环直将长脖颈向后仰，机灵鬼只好退出。奇怪，嘴里并没有鱼，但它的表现显然是得意和满足的。我们赶紧将视线集中到正把长嘴伸在母亲嗉囊中的雏鸟，它也是贪婪地停在那里……

其实，我刚才就应注意到，它们不像前次那样，掏到了鱼就赶快缩回长嘴将叼住的鱼吞咽下去。这次金环的嗉囊有东西自上而下地流动。再看金环的姿势也异样，喂鱼时，它将脖颈昂起，嘴向上，成10点钟角度；而此时，嘴向下，成8点钟角度……

我恍然大悟：这是在喂水，是父母们从远处装了满满一嗉囊的水来喂它们的儿女。

它们的城堡就在水中，何故舍近求远呢？对了，它们运来的是淡水，青海湖是咸水，只能有这一种解释了。新的发现总是和欢乐同时到来的，这个全身乌黑的高贵的大鸟竟然不喝咸水！它们的猎场和水源在哪里？

生物的多样，生命形态的万千变化，每种生命生存习性的多端，真是让人难以想象！

鸬鹚捕鱼归来

鸬鹚们不断飞来，崖堡成了繁忙的航空港，汲取淡水比狩猎总是要容易得多，所以金环夫妇这次来回的时间较短。至此，它们也应该稍稍休息了，谁知，它们无暇顾及其他，又立即飞走了。

寻找猎场

我请李老师收拾摄影架，起脚就向它们飞行的方向追去。还没跑一段路，顿时感到头疼、气闷、喘得不行。我又忘了这是在海拔3000多米的缺氧高原，起步又急了，不放慢脚步也不行，但仍然穷追不舍，直到两眼冒金花，喘得腰也直不起。终于我追到了高崖台地的北端，看到了金环夫妇的身影。

我累得只好坐下，目光紧紧追随它们越过繁星般闪耀的沼泽地，向布哈河飞去，我的猜想被证实了：名贵的湟鱼虽在青海湖生活，但每年却要从湖中逆流而上，到布哈河产卵。鱼类学家曾说：有些鱼类，如马哈鱼、鲑鱼、鳗鱼，从咸水的大海到淡水中去产卵，那是对于祖居的怀念。因为它们原本是生活在淡水河流中的，生存竞争的法则，使它们迁居到大海。繁殖季节一到，完成生命繁衍的神圣使命，使它们成群结队、争先恐后逆游而上、飞跃腾跳险滩和瀑布的场面，真是惊心动魄！

眼下正是湟鱼们繁殖的季节。鸬鹚们的猎场在布哈河！鸥鸟、海雕是从空中巡视，一旦发现猎物，立即俯冲而下，从水中将鱼抓走。鸬鹚的狩猎方式却是另样。

迷恋鱼鹰抓鱼的种种情思涨满了我的胸腔，我要去它们的狩猎场，去看不受渔翁控制、驱使的鸬鹚们狩猎的精彩……

我想站起来，可是两腿软软的，高山缺氧反应并未消失。我心想，急不得，索性躺到了草地上，一股青草气令人神清，野花的芬芳直沁肺腑……我感到大地的抚慰、关爱，力量又在血液中流淌。

李老师背着摄影器材赶来了，我立即挺身坐起。

"吓我一跳，以为你昏倒了。我们得放慢节奏，得适应这缺氧的环境。"

"你也坐下歇一会儿。然后我们去布哈河看鸬鹚捕鱼！"

"当然，这样的好机会还能放过？"

我们会心地笑了。多年来她和我天南海北地探险，非常默契。

不知什么时候，湖边出现一艘小快艇。向导跑去站在湖边和艇上的人说话。我请他载我们去看看鸬鹚堡的另一面，向导面有难色，快艇的主人倒是很爽快。

湖上风浪不大，快艇的声音也不大，但在这片宁静的乐土上，显得很刺耳；犁出的水波却无比优美，浪像蓝缎子般起伏。是的，近看这一湖水色，又是另样的色彩。我请驾艇人放慢速度。

在湖中仰望鸬鹚岛，它格外峻拔、直矗，在嶙峋的石棱上，布满了鸬鹚的圆形窝巢，站着一行行雏鸟。不知什么原因，西边却比东边的少多了。有只大鸟飞来，却不降落，只是在巢区附近盘旋。它的孩子们却粗莽地叫起。可能是快艇和我们出现的原因。看那嗷嗷待哺的情景，我们赶快离开，以免惊扰了它们宁静、温馨的生活……

围　猎

赶到布哈河，已是傍晚的时分。沿着大桥向西，我们寻找鸬鹚的身影。河岸两旁是丰美的草场，牛群、羊群如灿烂的山花,开放在夕阳下。悠扬的牧歌不时从这里、那里飞起,回荡在霞光迸射的天宇。

高原河流的岸边,虽然没有稠密的灌木丛,但犬牙般的崖岸布满了沼泽、水凼。我们只好舍弃循岸的路线,从没有人迹的草地上缓缓地向前。但很长时间,都只是看到鸬鹚在河流上空向下游飞行。时光已经不早,它们要赶回家园,孩子们在等待着父母的归来……

我们很失望。天色近晚,也不敢两个人就深入到河谷的深处。这里虽然没有熊,但成群的草原狼还是非常可怕的。正计划着明天再来时,突然听到前面河湾处有泼水声,我示意李老师注意隐蔽……

河湾的水面不小,岸边长满了碧绿的菖蒲,如精心制作的栅栏。我只顾盯着河湾中的水面,谁知一脚踏空,扑通一声跌到了坑里,是那样响亮。我顾不得察看哪里受伤,只是寻找跌失了的摄影包。这个坑很大,长条形,又是向河斜切。摄影包早已滚了下去,只在蒲草中露出了一角。我几次想下去拿,但斜坡上的沙太滑,我差点滚下去,而水泊里的响声却愈来愈激烈。管不得那么多了,反正摄影包就在那里,我扒着坑边的石崖,使劲一纵才上来了。

这时,李老师满脸惊喜地向我招手,我快捷地向她赶去。看清了,菖蒲又将河湾围成了几个小水泊,两只鸬鹚正在水面游弋。太巧了,正是金环夫妇。金环的特征非常明显、独特。

刚认出是它们，那夫妻俩就一低头，尾巴一翘，潜入了水里。只一会儿，水面冒出一个大水花，银光一闪，就见金环叼住一条鱼从水中露出，它娴熟地挺脖子将鱼一掂，顺直，鱼就异常滑溜进它的嗉囊了，但未看到嗉囊的鼓突。

渔夫架鹰捕鱼时，撑的是一条尖尖长长的小船，用竹篙将鱼鹰赶下水，在船的两侧捕鱼。那阵势很入画，美术作品和摄影作品多取这一景。渔夫要鱼鹰为他捕鱼，总是在鱼鹰嗉囊的下部用草筋作适度的结扎，使得它只能吞下小鱼，而将大鱼留在嗉囊中。看到鱼鹰有了收获，立即用篙将它钩起拉回，拿住鱼鹰的嘴，只一捏，鱼就从它口中掉进了鱼篓。金环捉的这条鱼是它自己享用了还是贮存在巨大的皮袋子中呢？

另一只鸬鹚出水了，嘴里空空的，但见它向妻子使了个眼色，就见金环也迅速下潜。我们看到水面上有几条大的波纹在游动，忽而这里，忽而那里。正当那水纹纠结在一起时，泼剌一声，银光晃动，金环夫妻从水中抬出一条大鱼，一个叼头，一个叼尾。那鱼真大，它不甘心命运，只见腰身一扭，就跃到了空中，脱离了"两把钳子"的束缚，吧嗒一声落到水中。金环夫妇愣子也未打，低头又潜入水中……

我是在巢湖边长大的，儿时成天摸鱼抓虾。我要李老

师紧紧盯着水纹的变化，看来这个水泊不是太深。

"快看，它们在前堵后截哩！"李老师也发现了窍门。

是的，前后的水纹波动很有变化，那鱼只顾东奔西闪，企图突围逃逸。只见几个回合，又是泼剌一声，然而刚见鱼身一闪，又是泼剌声连天响，鱼又挣脱了。只见黑羽闪动，又去进行激烈的追捕了。这次，水纹的变化舒缓了些，但只那么一小会儿，水纹又快速地激起，眼看几次就要越出这水泊，窜入河流，可是又被截了回来；反复已有多次，可是仍不见结果。李老师很为它们焦急，我心里却涌起丝丝的甜蜜，对它们聪明机智的赞叹……

泼剌剌响声中，金环夫妻又终于将大鱼抬出了水面，并连续挺脖子搿了几次。我以为是要将它顺直，好吞咽，谁知却是在调整叼鱼的位置，直到金环的长嘴紧紧钳住鱼鳃的后部，它亲爱的丈夫紧紧地钳住了鱼腹后端，才停歇下来。那鱼这时却像死了一样，任它们摆布，偶尔才摆动一下尾巴。

"好聪明的鸬鹚，它们用的原来是疲劳战，尽量在水里利用自己的优势，将大鱼追得筋疲力尽才下手。真是个黑鬼！"

我乐得哈哈大笑，这时已无须顾虑它们害怕惊扰。因为它们正沉浸在胜利的喜悦中，战利品正衔在嘴里，儿女们正在等待着它们的收获……

　　"它们抬着鱼飞？"李老师为它们担忧。

　　"等着瞧吧！"

　　它俩你看着我，我看着你，四只带着金晕的眼珠时而滴溜溜转，时而只是悠闪，似是茫然、无奈，不知如何将这丰硕的收获带走，又像是在商量……

　　结果有了，只见金环一挺脖子，将鱼往上一抛，利用时间差，迅速钳住鱼身。它的丈夫立即松口，游到前面，张开大嘴——好大的口腔，难怪它们嘴边老是有皮在晃荡，大约是平时用不着就折叠在那里，一口咬住鱼头，往下吞咽。金环用优雅的游姿配合着丈夫的一举一动。因为鱼较大，金环的丈夫不能像金环刚才那样，只将鱼顺直。眼看已吞下将近一半，那鱼却不老实起来，使劲摆尾、扭动。它只得暂时停下吞咽动作，脖子却被带得晃动，身子也不由歪斜。

　　金环早已放开了鱼，这时急得在丈夫身边打圈圈，它突然停下，双眼紧紧盯住丈夫，又很威严地哼了一声。丈夫立即全身一震，一伸脖子，将大鱼吞了下去，但我看那鱼尾，好像还在嘴角。这时，它们在水面慢慢地游起，向河流游去，只一小段路，突然跃起，离开水面，缓缓地起飞。

　　金环跟在后面。载着一条大鱼的丈夫，飞行速度较慢，两翼滞重，失去了秀逸，但却坚强有力地扇动翅膀，不时回头看一眼亲爱的妻子。是感谢它的护航，还是在欣喜地互相诉说，孩子们今天有顿丰盛的晚餐？

我和李老师共同努力，虽费了周折，但还是找回了摄影包，赶快追着它们的身影，踏上归途。李老师遗憾没有拍到那精彩的场面，我说那已深深印在我心里，将用笔把它描写出来。

晚霞满天，映照着天宇、大地，高原的霞光霓色尤其迷人。布哈河上空飞翔着晚归的鸬鹚们，它们两两一队在霞光中穿行，那全身的黑羽，放射着耀眼的霓虹……

明天，我们将再去寻找鸟岛。

鸟岛趣闻

午后的阳光，将沿湖的草原渲染得灿烂辉煌。大片大片的紫红色的野葱花、蓝色的鸢尾花、白色的马奶子花，铺展出千奇百怪的图案。

左前方一望无际的绛红色的草地特别撩眼。向导说，那是一种早熟的禾草，花穗绛红；牧草的质量高，是畜群过冬的冬窝子。

接近青海湖时，路左出现一个缓缓的土墩子。向导领我们向上走出，来到土墩上，青海湖蓝得耀目。墩下斜坡约五六十米，裸露着石滩，有生着矮草的慢坡；再远处是布哈河，河口一片沼泽，闪着繁星般的光亮。

"这就是鸟岛！"

　　我们很愕然，因为它只是湖边的一个土墩子，最多也只不过 10 多米高，哪有一丝一毫岛的形态？怎么可能想象几万只的水鸟，在这只有零点几平方千米的地方筑巢、孵化、育雏？

　　"奇怪吧？说清楚了，也就是很自然的事了。"向导像是位满腹经纶的哲人。

　　青海湖大约形成于 100 万年之前。在 1 万年之前它比现在要大三分之一，水面比现在要高出 100 米。那时它还是外泄湖，与黄河相通。后来由于青藏高原的上升，日月山抬升加强，堵塞了河道，迫使河水倒流。向导说："你们回程时，就能看到由东向西流的著名的倒淌河。"成了内陆湖之后，这里的蒸发量高于补水量，因而水位不断下降，湖水中盐分逐渐增高，湖面逐渐缩小。据统计，近 30 多年来，水位每年下降 10 厘米。

　　鸟岛原来确实是湖中的一个小岛，但建立保护区时，这里已经只是个半岛了。后来水位继续下降，现在却连半岛也不是了。可算是沧海桑田吧！

　　但水鸟却依旧迷恋故土。有趣的是湖水退落，滩头面积增大，来此繁殖的鸟的数量也随之增加。

　　每年 3 月初，棕头鸥、斑头雁、鱼鸥、鸬鹚都会长途跋涉，从越冬地相继来到鸟岛，在这里谈情说爱、筑巢。那时，岛影遮天蔽日、鸣声震耳。鸟在恋爱时，不论雌鸟还是雄鸟都是特技飞行高手，一会儿翩翩起舞，一会儿上下翻飞、直冲云霄或飞掠水面……如此炫耀才能表达如痴如醉的爱情。

说来有趣，棕头鸥选择沙砾地筑巢，斑头雁喜欢长草的滩头，鱼鸥却选在布哈河入海口的泥泽地，真是各得其所。棕头鸥晃动身体在沙地上压出窝，垫些草和羽毛就成了。斑头雁的巢筑得要考究些，雌鸟将胸脯前柔软的羽毛扯下垫在巢中。斑头雁是雌雄轮流孵蛋，而棕头鸥却只有雌鸟独自孵蛋。

鸟类学家研究了千姿百态的鸟巢之后，认为鸟巢的形状简单与复杂，反映了它们在进化树上的位置，有着分类学上的意义。

来青海湖繁殖的水鸟，除了斑头雁、棕头鸥、鱼鸥、鸬鹚四大家族之外，还有野鸭、海燕等，除鸟岛之外，三块石、海中山、沙屿也都是它们的繁殖地。

鸟岛是最为集中之处，有一年的统计是：仅斑头雁就有 2350 个巢，棕头鸥有 7000 多个巢。在这弹丸之地，简直是一个鸟窝挨着一个鸟窝。保护区的科技人员去观察时，常常连下脚的空地也找不到。

那么在如此拥挤的地方，为了争夺一块筑巢地，不是要打得头破血流？总体来讲，群鸟还是和平的，但从别的鸟巢里偷一点建筑材料，那是时有发生的，然而并未引起战争。

但对外来的入侵者，那就是另一回事了。动物世界的生存竞争，无时不在轰轰烈烈、残酷地进行着。

来自空中的天敌，当然是鹰、隼、雕这类猛禽。只要

彩色的草原环绕着青海湖

有这些家伙的身影出现，巢区的鸟们无论是斑头雁还是棕头鸥、鱼鸥，都会立即起飞，组建立体式的集群，将来犯之敌紧紧包围，发起攻击。想想看吧，几百只、几千只的鸟群去围攻一只雕，任凭它怎么凶猛，也只能落荒而逃。

向导说："我就遭遇过一次。那天有急事，也自恃和它们一直友好，未等天黑就观察棕头鸥的孵化情况。开头还算顺利，正在孵蛋的雌鸥专心致志，只是两只小眼一刻也不放过我。也怪我粗心，被一个石头绊倒了，压了五六个巢。棕头鸥嘎嘎惊叫、飞起，我想坏事了。只见几百只鸟突然从巢中冲天而起，随即是一阵暴风骤雨——粪雨，又臭又腥的鸟粪劈头盖脸。我当然是抱头鼠窜，不，不是鼠窜——还算我没犯糊涂，没有拔腿就跑，而是双手护住了头，小心翼翼地从鸟巢的空隙退了出来。大家都笑话我是鸟粪雕塑。不瞒你说，尽管我洗了四五遍澡，使劲擦香皂，那半个月内我都能闻到身上的鸟粪臭！

"还说一件奇事。那天，牧场上的一匹黑马不知怎么溜到鸟岛来了。那马只顾吃草，不知不觉闯进了巢区。开头只有几十只斑头雁惊起。雁平时很温驯，这时却无比凶猛地叫起。黑马哪里会理它们的大吵大闹，头都不抬只顾边吃草边向前走。成群的大雁们疾速升空，立即轮番俯冲，用嘴啄，用翅膀扎，黑马也只当是有人给它挠痒痒，很高兴，只是对动作过分的甩甩尾巴。有只雁被马尾击中，差点跌落下来。那雁挣扎着飞起，绕着巢区猛烈地吼叫，时时还向下俯冲。整个巢区的鸟都被唤来了，几千只鸟铺天盖地向黑马发起最凶狠的进攻，啄头的啄头，啄眼的啄眼，啄耳的啄耳。马这时才感到不对劲，摇头摆尾，立起身子，张开大嘴，抡起两只前蹄敲打。鸟的密度太稠，竟也打落几只。但鸟们无比英武，展开更强烈的攻击，黑马浑身是血，只得落荒而逃。鸟们一直将它追到几里外……

"正应了一句'明枪好躲，暗箭难防'，对于小偷儿，鸟们就束手无策了。鸟岛还未发现像巴音布鲁克天鹅保护区的麝鼠——它在沼泽地中用土建起高高的城堡，挖掘地道直达天鹅的巢下，偷取天鹅蛋。但这里有狗獾、沙狐、赤狐，专在夜晚对斑头雁、棕鸥进行偷袭。牧羊犬也很凶残，你们看到了，我们已在鸟岛周围筑了围栏，但牧羊犬、野狗都能将围栏掘开。我们曾在一只狗的胃里，发现了十几只幼鸟……"

向导的精彩描绘，更激发了我们的想象力，几万只鸟紧紧挤在这只有零点几平方千米的地方，那简直成了巢滩，蛋岛（它真的也叫蛋岛）岂不真正是一片鸟的世界？回过头来，一条沙梁横卧在眼前。我很惊讶，看来，湖水的降落对"鸟岛"的影响不大，风沙的肆虐却完全可以将鸟岛吞没！

向导证实了这样的担心，说过度放牧，降雨量的减少，已使草场加速退化。这里的沙丘都是从沙岛那边吹来的。

保护区已在前几年就开始种草固沙，你看，沙梁子上已长起草了，那种特别高的是冰草。

我们去那边，在没膝的深草中一直爬上沙梁。起伏的沙丘一直绵延到湖边，治理工程非常艰巨。

大自然已经发出了严重的警告。

保护鸟岛的各种措施，人与自然的和谐相处，一直是我们归途中的话题。

泉湾海市

泉湾在青海湖的北岸。过了布哈河桥，我们沿着东岸走，艰难地爬上一个陡坡。满目红色的、白色的、淡黄色的马奶子花，将台地铺得熙熙攘攘，惊得大家却步注目，屏声息气。我是第一次看到这么多异彩纷呈的马奶子花，以后，再也没寻找到如此大片的马奶子花群落了。

高崖上其实无路，我们只是信步在绿草杂花中穿行。崖下平缓的湖滩上茵茵绿草直铺向远方，一排排的水鸟在湖边水面浮浮沉沉。斑头雁是早成鸟，出壳后就能跟着妈妈下水讨生活。鸬鹚是晚成鸟，还需要父母哺育一两个月后，才能跟父母一起觅食、飞翔。繁殖期过后，鸟岛虽然空了，湖边却成了育雏场。

高崖上有座喇嘛庙，一位老人带着孙子在放牧羊群。

这是岸边的制高点，忽见湖滩上绿草中一片金黄，色彩天然搭配，美极了！正在思忖是不是油菜花时，我看到左边也有一大片金黄，还有着零零落落的几小片，从那自然的形状看来，显然不是油菜花……

我按捺不住，立即撒腿往崖下跑去，直到大口喘息，才想起这是海拔3400多米的高海拔地区，但仍是艰难地下崖。崖很陡，找不到落脚处，干脆往下一坐，任其滑溜。

谁知这不是滑雪场，结局可想而知，我跌跌跄跄滚到了崖下，吓得李老师和向导大声疾呼……

爬起来后，幸而腿脚都无大碍。我也就大口喘息，大步向前，往金黄耀眼的地方走去。

这片草场丰美，显然是牧民们的冬营地，因而没有一只牛羊。

一根肉质的茎上，顶着四五片花瓣，花瓣似心形，很有质感。花色金黄，无比闪亮。它们成片地盛开，颜色纯粹，没有一根杂草，没有一丝杂色，更不见一片绿叶！

它为何不长叶子？无论是红叶或紫叶？生命的形态真是千变万化！

它究竟是一棵植物还是花？是花，肯定是花，我看到了深藏在其中的花蕊……

李老师忙着拍照片。向导说这里藏族同胞叫它"金花"，我却在记忆中搜索，似乎在哪里曾经见过。后来，终于想

起了，它的学名叫马先蒿。

花，都只有六七厘米高，李老师想拍一张特写，几经调换角度都不能如愿。我拿过照相机，趴到地下，勉强拍了几张。等我站起来时，前胸的衣服已经湿了。

向导说，这里地下水丰富，所以才叫泉湾。那边还有几处大泉，往那边走吧，要不然，天黑了回不去。

沿着湖面的台地，绕过几个小湾，再斜插过去，忽见湖滩绿草冒出几只鸟头，还挺出一段脖子。画面很美，但很远，我说像黑颈鹤，向导只是沉吟不语。

李老师已端起照相机，迅速向那边走去。还未走出20米，那鸟已经起飞。黄褐色的翅膀被绿草衬得鲜亮，掠过草尖缓缓升空，姿态优雅极了。

面对眼前的如诗如画，我的心灵被震撼了，也想起了为何世界上有那么多喜爱观鸟的人！这是人类追求与自然的沟通，享受自然的赐予。

"斑头雁！那几只偏灰色的，是今年才出生的。"向导这时说话了。

泉湾实际上是上方一个山谷的延续，前两天下了场夜雨，一条小溪潺潺地流进湾中，融入碧蓝碧蓝的湖水。我在湾中搜索，却未见到大泉涌突。向导说，这里泉眼密布。冬季，青海湖结冰，冰上行人，唯有泉湾不结冰，因有泉水涌动，所以天鹅、黑颈鹤都来这里越冬，构成一幅奇景，吸引爱鸟者前来观鸟。今天要看你们的运气了。近处未见到鸟的踪影；远处总有几千只鸟在湖面上，多是一列一列横陈，随着水波波动，犹如在嬉戏、闲游。棕头鸥体型较小，斑头雁身躯较大，羽色华丽的是各种野鸭，我们努力搜寻黑鹤、黑鹳等其他的小鸟，望远镜的倍数小了，瞅得眼睛都疼……

李老师指了指百米开外的草滩，我只见到又深又密的荒草、乱石。仔细观察，发现挺水植物下闪着亮点——啊！是沼泽地。

"就在那一簇高草偏左方向，对了，还有棵蓼子哩！"

看到了，有晃动的影子。是的，头上的斑纹暴露了它们是斑头雁，共有十多只，在一个小水沼中觅食，只有一只将头停留在空中，似乎是在窥视这边。

这时的斑头雁以家族为单元，雁爸爸和雁妈妈带领着儿女觅食，教它们生存的本领。

这是个充满希望，也充满艰辛和危险的时期，父母还肩负着保护子女的责任。残酷的生存竞争使斑头雁的群体性较强，它们还同时照顾别人的孩子，小斑头雁也乐意跟随阿姨出游。因而，在育雏期间，见到几个家族的斑头雁在一起是不足为奇的。

我正想了解这群斑头雁有几个家族时，眼睛的余光却扫到一个黑影，肩羽雪白，是只素以凶猛著称的白肩雕。

水沼内影影绰绰的斑头雁们，急匆匆往苔草稠密处游

去。草丛晃动，肯定是放哨的雁发出了警报。

白肩雕潇洒地划了个弧线，向我们这边飞来，锐利的目光却在扫视那片沼泽。到达我们头顶时，却慢慢地升高且变换了方向，似是失望地向远处湖心的高空飞去。

李老师一直为未能拍到大雁家族而烦恼。见雕已远去，就急切地提脚往湖边走去。我一把拉住她："等等，别急！我们稍稍避一下。"

她很茫然，但还是跟我走到旁边的一块大岩后。我们趁机吃了些干粮。我时不时地观察一下这片空域，天很蓝，几朵奶子云悠悠飘动，映在水中化成了晶莹。背后的山上，不时起一股风扬起沙尘。

李老师等得焦急："你在等它回来？"

"当然！"

"斑头雁不是都藏起来了？"

"别急！"

其实，我心里也挺急的，这家伙在玩什么把戏？但它最后一瞥沼泽地的眼神，那是一种很犀利、充满欲望的神色，我因此坚信这只肩雕肯定不会放过选中的猎物。

我也窥视起那片沼泽，根据影影绰绰的形象和草的动静，判断出斑头雁们又恢复了常态，在水沼中游动、觅食……

背后山上高远的蓝天映出一个黑点，那黑点迅速扩大，像是开足马力高速飞行。从飞翔的姿势看，肯定是猛禽，显出雪白肩羽时，它已到达我们头顶。

只见白肩雕猛然低头、敛翅，似是流星一般向沼泽中击来……

"小雁要遭殃了！这家伙太鬼，借着山势从这边偷袭。"

李老师也看出白肩雕的伎俩了。

真是"说时迟，那时快"，眼看白肩雕就要得手时，"嘎嘎"声骤起，沼泽里一片忙乱。五六只斑头雁突然飞起，它们的起飞速度虽然无法与白肩雕相比，但那雕还是明显地一愣。

起阵的斑头雁们不是惊慌失措地逃窜，而是迎着白肩雕冲击，这些温驯的雁们已满腔愤怒、英勇无比。

白肩雕一斜膀子想穿过雁阵，直取惊慌逃窜不停惊叫的小雁。雁们却勇猛地叫着，毫无惧色地拦截白肩雕。只听"扑"的一声，一只斑头雁被撞翻，但只翻了个跟头，又挣扎着向雕冲去。空中飘着几片羽毛。这时，其他的雁也都奋不顾身，对雕展开攻击。

两军相搏时，白肩雕已失去了速度上的优势，只得大展翅膀，掠过湖面，突出重围，向一旁飞去。

雁们仍然穷追不舍，雕也一会儿滑翔，一会儿绕圈，但就是不肯离去。

附近水域的鸟们也都一片惊恐，纷纷靠拢，游向湖中。

有两只雁离开了雁阵，往湖中的鸟群飞去，叫声不断。

奇迹发生了，湖上的斑头雁们起飞了，只一小会儿，竟然有五六十只往这边飞来，参加驱逐白肩雕的战斗。

直到这时，白肩雕才悻悻地升高、远去……

"简直是篇童话！"李老师非常感慨。

这场精彩的空战让我明白了：青海湖方圆4300多平方千米，湖岸长达360多千米，哪里不能安家，为何几万只鸟要争着集中在那一小片地方筑巢、孵卵？亲鸟为何在育雏期间仍要几个家族在一起？

动物行为学家已经揭示了动物营群的本质动机——集体防御天敌，分散天敌的目标是其中重要的一条。

放眼望去，湛蓝的青海湖上，水鸟们继续着牧歌式的生活。大自然就是如此造化着世界。

远方朦胧中的鸟岛，怎么突然变长了且一直向湖中伸展？湛蓝的湖面上，还多了几幢房屋和隐隐约约的树林，似是还有两艘大船，但升腾、晃动的水汽……

海市蜃楼：景物光线经密度分布连续异常的多层大气时发生层层折射，使远处景物从人眼看来，显示出不同于原景物的方位、角度、大小、色彩、形状，甚至上下正反相异的奇异幻怪景象。

海上或海滨见到的分别称为"海市蜃楼"或"海滨蜃景"。沙漠、山区、极地、洼地等处也可出现蜃景。

"不对呀！在这地方看，鸟岛像伸出的半岛，但怎么着，那边的湖岸也没那样长呀，怪事，啥时还盖起这么多房子？"

向导的喃喃自语，像是电光火石，激得我大声高喊："海市！海市蜃楼！"

"我来青海湖也五六年了，还是头一次看到海市蜃楼。真是托你们的福了！"

后记

五年后，我又一次去青海湖，那里生态的变化有喜有忧。

其实，西部地区是水鸟的家园，并非只有鸟岛一处。如我们经历过的鄂陵湖、札陵湖、可鲁克湖，以及动物学家说的藏北高原的很多湖泊，可可西里的湖泊……每到春夏都云集成千上万的水鸟，在那里生儿育女。只是那里都远离尘世，人迹罕至。青海湖的鸟岛还是离人类太近了。

当新疆的袁研究员告诉我，他在阿尔金山考察时，目睹了沙漠中的湖泊上空飞舞着成群结队的水鸟时，我异常惊奇：因为那是咸水湖，鸟儿们以什么为食？老袁说，那里的湖中生活着一种卤蝇，卤蝇的幼虫（蛆）即是水鸟们的美味。

生物链总是那么自然而又神奇。

拜访熊猫妈妈

暮春时节，在我和胡铁卿同志离开"五一"棚——世界保护大熊猫研究中心、海拔2500多米的高山营地的时候，胡锦矗教授抑制不住内心的喜悦，说："通过这一个多月的无线电跟踪和观察以及各种数据的分析，我们可以认定大熊猫'珍珍'已经怀孕了。欢迎你们秋天再来，我们一道去给它的孩子——也是研究中心头一个宝宝做满月。"

我们下山了，但却把希望留在了雪山下的茫茫原始森林中，留在了盛开的杜鹃花上。

果然，胡铁卿工程师的"报喜"信到了：胡教授的预言已被证实。根据无线电跟踪和实地考察的结果，那只被诱捕又放回山野、后来受孕的大熊猫，在9月份活动次数锐减，活动的范围也陡然缩小，基本上可以断定：它的小宝宝已出世了。当然，这封信也催促我起程，那时已是10月。

这条消息不知要牵动多少人的心！记得曾见过一则新

闻，描述了墨西哥人民在首都查普尔特佩克动物园庆祝一头小熊猫诞生的盛况，它被称为"墨西哥的孩子"。知名作曲家戈麦斯·利亚诺谱写的《查普尔特佩克的小熊猫》风靡一时。然而，从科学的意义上说，那毕竟是我们"嫁出去的女儿"，而且是在人工饲养的条件下，怎么也无法与熊猫故乡所发生的自然繁殖相比！

毫不夸张地说：大熊猫珍珍的产仔，是世界上第一次用当代的科学手段观察、研究号称"活化石"的大熊猫在野生自然条件下分娩、哺幼。这对保护濒临灭绝的珍贵的大熊猫具有极大的意义。时间已使我赶不上胡锦矗说的"做满月"，但总能赶上它的"做百日"吧！

好不容易，我才在11月初千里迢迢地赶到了四川，11月下旬我再次来到了"五一"棚。

昨天傍晚，红霞还映得雪山银峰晶莹剔透，我们站在中杠山上，欣赏着变得深沉、浑厚的大山色彩。今早一出帐篷，却是灰蒙蒙的一片。远山被沉重的厚云裹住，近山也矮了一截。寒风恣意地呼啸，使幽深的森林、山谷更加冷寂，连每天早晨都飞到帐篷边鸣叫的噪鹛也缩着脖子待在树枝上。老天爷一夜就变了脸，这使我们急切的心更加火烧火燎。按计划，今天是我和《大自然》杂志的唐锡阳同志跟随胡锦矗去探望大熊猫珍珍和它的小宝宝，但这样的天气能去吗？我快步去找胡锦矗。

好！他那憨厚的圆脸上晴晴朗朗的，荡漾着早霞，洋溢着朝气。彻夜不熄的篝火旁，大家纷纷在裹绑腿，收拾背包，往相机里装胶卷。早饭一过，大家都将潜入森林中的各条小道，去从事自己的观察、研究。我猛然想起了：营地的野外工作计划从来是"全天候"的，不管夏日炎炎还是风雨交加，抑或是零下 20 摄氏度的黑夜。

科学必须严谨。难道还需要再问吗？

出了帐篷就是陡坡，我和老唐只得手脚并用。正在艰难中，细雨又夹着冰豆迎面扑来，打得四周一片飒飒声。难免要有场雪了。上个月，这里已落过两场雪，我们昨天考察的路线上就还残存着不少的雪。别说雨衣了，因为要在山林中穿行，我们连羽绒服都脱了，只穿了件毛线衣。若是下起雪来，那还真有点麻烦。很多从 20 世纪 70 年代初期就开始参加胡锦矗、胡铁卿率领的大熊猫考察队的老队员，几乎每人都向我说过两到三个曾被大雪围困的故事，惊险得一想起来就激得汗毛竖起——是要冒一点风险的，别说碰到猛兽，仅是骤然下降的气温，那都是极大的威胁。

但我更担心胡锦矗为了照顾我们会放弃今天的考察，或者是劝我们回去，那将会使我失去一个千载难逢的机会。一点也不担心危险吗？不！然而，纵有天大的危险，跟着胡锦矗，我还是愿意去闯的。我抬头寻找胡锦矗，想探询一下他的情绪，但只有密密的树丛、箭竹……突然，我高

114

兴起来了——从前面传来了他的脚步声：坚定、利落！我的心踏实了。

道路蜿蜒在针、阔叶混交林间。迷蒙中的岷江冷杉、四川红杉顶天立地，苍郁的树冠格外像是浓云一般。各种桦树、槭树裸露着枝干。翠绿的拐棍竹、冷箭竹铺展在林下，和荚蒾、花楸、茶藨子拥挤着，常常把路都欺去。

一路上，胡教授很少说话，只在必要处作些简单的介绍。我和老唐也都不大提问，因为在野外考察动物时基本上是不准说话的。但胡教授那双猎人似的眼睛却敏锐地在山野上扫描着，那双厚手也不时抚摸一下这棵小树、那根箭竹，就像是和老朋友相见，免不了亲热地握手、问候。可不，他又弯腰从路旁竹丛中拾起了一根树枝，拿在手中端详着。看到我快步走近，就顺手递给了我："是八仙花，又叫绣球的枝子。"

树枝的皮已被剥去，不是一条条被撕扯的，而是一个印痕套着一个湿渍渍的印痕。深处白茬，残留着青丝丝的痕缘，而且每个印痕的大小又基本相似。显然是采取了一种异常特殊的"剥"的方式。

我们正满腹狐疑地猜测是大森林中哪位住客留下的杰作时，耳边响起了胡教授悄声又略带点神秘的声音："金丝猴啃食的。"他的眼却在四周搜寻。

我们的心一下子就蹦到了喉咙口，又惊又喜。金丝猴、

大熊猫、牛羚都属于国家一级保护的珍稀动物，而卧龙自
然保护区内又都有它们的踪迹。我春天来四川时，对于看
一看凶悍的庞然大物牛羚未存过奢望，但对从王朗到九寨
沟、黄龙，穿过草地到达马尔康，行程几千里却无缘见到
金丝猴的尊容，未免有些遗憾。这次来高山营地，心里多
少存在着能与它幸会的"牵肠挂肚"。前天晚上在篝火旁，
听到老田同志说是有三四百只一社群的金丝猴，于两三天
前才离开帐篷附近时，我既懊恼又失望。我哪能料到竟要
在这里不期而遇！刚才胡教授的悄声细语和搜索的眼神，
不就说明它们在附近吗？一向沉稳的老唐比我更性急，问：
"它们离开这里有多长时间了？"

　　"刚走不久，你看，枝上的树浆、齿痕都新鲜得滴水

卧龙自然保护区：以大熊猫及森林生态系统为主要保护对象的自
然保护区。

位于四川省汶川县境内，面积 20 万公顷。区
内地带性植被属于中亚热带常绿阔叶林，高等
植物有 1810 种，其中国家重点保护野生植物
有珙桐、香果树、连香树、红豆杉等。高等动
物有 348 种，其中国家重点保护野生动物有大
熊猫、金丝猴、羚牛、白唇鹿等 40 多种。

1963 年建立，1975 列为国家级自然保护区，
1980 年加入联合国教科文组织国际人与生物圈
保护区网络。

哩！"

"往哪边去了？"还是老唐问。

"顺着丢在地上的这样被剥食掉的树枝追踪。在这个季节，它主要是采食树皮和寄生在树上的苔藓、果实，随吃随扔，吃过就丢。这就是猎人说的：丢下棍子，留下影子——对它的生态特点总结得科学、准确。"

这样诱人的话使我的心动了，尽管有着更重要的任务。

"能追得上？"

"难说。金丝猴是典型的树栖动物，森林的上层几乎是它一切活动的大舞台，行动神速、诡秘。从这棵树荡悠到那棵树上，也不过星星眨眼，雷公打闪，还能做出各种高难度的动作，称得上是最优秀的单杠运动员。"

胡教授风趣而幽默的话，更挠得我们心头痒痒的。哪管天上飘着雨，更不管箭竹、灌木上都是水，我和老唐立即开始由天上向地下寻找金丝猴的影子和丢下的棍子。然而，等到我们的衣裤都打湿了，却连棍子也没找到。胡教授遗憾地抬起手腕看看表，我们也只好悻悻地返回到小路上。其实，在这东西长 52 千米，南北宽 62 千米，总面积约 2000 平方千米的保护区内，雪山草地、深壑幽谷、溪流纵横的特殊生境中，蕴藏着丰富的动植物宝库，因而被列为联合国国际人与生物圈保护区网络。且不说它属国家规定保护的珍稀动物有几十种，单是珍贵的植物就有大片的原始珙桐林(鸽子树)、水青树、连香、金粟兰、贝母、虫草……
夜晚，则常常可以看到闪着磷光的成片森林(树干上附生
一种特殊的菌类)。那是何等壮观和奇绝的景象！若在这
个神秘的世界中每奇必探，每胜必经，那远非是我们力所
能及的——我们还有重要的任务，要去珍珍栖息的"别墅"，
拜会它以及那位"贵公子"。可是，后来发生的事故表明，
我们还是要感激现在的发现。

　　隐藏在原始森林下的山体，似台阶般一阶一阶的。眼
下是初冬季节，虽不像春天来时，需要防不胜防地警戒着
旱蚂蟥(它吸饱一次人的血，可维持七八个月的生命)、
草虱子、毒蛇的攻击。但林间的道路还是很难走的，风化
千枚岩的流石、苔藓下的沼泽、两边拉拉扯扯的荆条，都
潜伏着危险。刚才金丝猴的有踪无影，既给了我们喜悦，
又带来了忧虑：大熊猫是否也要匿而不见呢？我忍不住问：
"有把握见到它们吗？"

　　"大熊猫在哺幼期，要经常抱着孩子喂奶。没有特殊
的意外，巢区比较固定。这几个月来，它一直未迁居，更
何况有无线电跟踪，很容易确定它所在的位置。至于它今
天是不是愿意接见咱们，是'文接'或是'武接'，除了
看它的情绪，还得看天时、地利、人和……"

　　我和老唐都忍不住笑了起来。我们对于野外的考察生
活，并非毫无经验，可是一本正经的胡教授一反常态，眨

竹林中的大熊猫

着狡黠的眼睛说："以为我蒙你们？不信，那就等着瞧吧！"

谁知他葫芦里卖的什么药，等着瞧就等着瞧吧！

"这就是会师树，是你们一上路就开始询问的。"

教授的话一停，山野上呼啸的风也似乎消歇了，只有他抚摸着树干的手与树皮摩擦的沙沙声。他那双成天在野外风雨中和箭竹、大熊猫粪便、岩石打交道的手上，鼓凸着厚厚的茧子。我虽不是细皮嫩肉，但第一次和他握手时，仍像是抓住块石板一样。

我退后几步，怀着一种特殊的心情，打量起这棵 10 多米高的大树——它的名字出现在世界自然基金会名录上，出现在世界报纸、杂志上，更是记载在当代科学家们研究大熊猫的史册上。

"是棵美丽杜鹃。"我认出了。

"好家伙！这不已长成乔木了！"

"是的，杜鹃大多是灌木，但也能崛起为乔木。"老唐的一声惊呼，却像火花一般引发了胡锦矗的激情，眼光明亮、灼人。"世界上的很多花卉爱好者，每年春天都赶往英国去欣赏盛开的杜鹃。这实在不能让人服气。我们是杜鹃的富有国，既有你们大别山和皖南的小灌木映山红——电影上常有它漫山遍野、开放得如火如荼的画面，更有云贵川一带已长成乔木的各种杜鹃，仅我们卧龙保护区就有几十种，这棵杜鹃只算中等。"

话音虽然不高，但却有股震撼人心灵的韵律。我和他相处过，又在云南和植物学家们厮磨过，对于杜鹃花并不陌生。我懂得他那没有说出、埋藏在内心的意思。

世界自然基金会派来研究中心，和中国科学家共同研究大熊猫的夏勒博士兢兢业业、不畏辛劳，得到大家的好评。在和胡教授工作一段时间后，夏勒无比敬佩这位 50 来岁的中方专家副组长的博学，曾由衷地对我说过："我向教授学到了很多知识！"

比如这杜鹃花吧，尼泊尔人把它奉为国花。英国为了改变花卉品种的贫乏，引种了很多杜鹃，招徕游客。可见人类对杜鹃价值的认识！

春天，我在云南、四川领略过它们的风采。5 月 6 日从王朗自然保护区，沿着洋洞河向南坪进发，翻越海拔 3250 米的山口时，那残存的白雪上，开得如霞似锦的杜鹃花，曾使疲惫、饥饿不堪的我们欣喜若狂，久恋不去。别看眼前这棵杜鹃已枝光叶秃，但我春天曾在白岩那边看到过它灿烂如盘的花朵，那还只是棵灌木。当时我心里无比感激从丰富的词汇中挑出"美丽"两字为它定名的植物学家。

我国的杜鹃种品确实富有。全世界共有 900 多种杜鹃花，而我国独占 500 多种。英国即是从我国引进了大批的杜鹃。大英博物馆里收藏、展览的世界杜鹃花王标本——轮盘周长 2.6 米、直径 0.87 米——也是从我国云南砍倒运走的。

那么为何旅游者忘却了它的故乡，反而蜂拥到英国去看杜鹃花呢？

有位群众曾告诉我，他们只把杜鹃当作一般的烧柴用。

为什么同是杜鹃，一是草，一是宝呢？

为什么中国的国宝，在自己的土地上却不能放光呢？

胡锦矗是有感于我国丰富的动植物资源未得到开发，有感于丰富的国土资源未得到利用，未能参加到四化建设的行列！他总是无限感慨地说："科学上有多少工作等待着我们去做啊！"

由此，我想到了大熊猫，它是我国特有的珍贵动物。世界自然基金会把它的肖像奉为会徽，它的古老，可上溯到更新世地层发掘出的化石。我国的古籍中，从《诗经》到司马相如的赋，都分别以各种名称记载了它的习性。近代，自 1869 年法国传教士阿曼德·戴维在四川宝兴县买了张它的皮子起，大熊猫才正式出现在世界舞台上，引起国外一支支"探险队"向川西进发，他们由此而著书立说，甚至解剖一只大熊猫也都写出洋洋巨著……

20 世纪 60 年代初期，我国建立了第一批大熊猫自然保护区，卧龙自然保护区是其中之一。胡铁卿亲手操办了这件事。也就是在那时候，他开始了和胡锦矗的友谊，两人都是 20 世纪 50 年代的大学毕业生。他们真正对大熊猫的大规模考察活动，却是从 20 世纪 70 年代开始的。林业部的卿建华主持了这一工作。在四川省林业厅领导下，他俩率领考察队走遍了巴山蜀水，用考察队员们的一句话来说："他俩吃了别人所未吃过的苦，但也看到了别人所没看到的奇风异景。"这次考察历时数年，总计行程45000千米，终于摸清了大熊猫的分布、现存数量，研究了它们的生活习性。这份浸透了考察队员们血汗的科学考察报告，在全国科学大会上获了奖。在那个年代，胡锦矗，这位1957年北师大生物系研究班的毕业生，忍受着命运的不公平和家庭的厄运，挺起胸膛，顽强而奋勇地在山野中跋涉！

在和胡教授的相处中，他很少谈自己。但是，他对杜鹃花的有感而发闪亮了我的眼睛，使我窥视出他为什么要把生命和血汗倾注在研究大熊猫中！

——为了中华民族的崛起！

"4月份时两只雄性大熊猫就是在这里追求大熊猫珍珍的？"

老唐指着美丽杜鹃的问话，把我的思绪又扯到了眼前。

胡教授向前一指，朗声答道："稍向前一点，有棵大的铁杉。就在这片地方。"

这里海拔2800多米，是一片阶地，面积不算太大，森林主要以铁杉和冷杉这样的针叶树种组成。林下的杜鹃和花楸疏疏朗朗，冷箭竹却长势茂盛，犹如一片泛着金波的碧海。这里具有大熊猫栖息地的典型植被。

胡教授一边领着我们察看大熊猫在冷杉上留下的爪痕等各种痕迹，一边讲述着曾在这舞台上演的喜剧。

合作研究是从1月份开始的，按课题要求首先是研究大熊猫的生态。胡教授曾戏称它是"竹林隐士"——大熊猫生活在高山的箭竹林中，平时天马行空，独往独来，在山野中难能见其一面。考察队经过数年的工作，虽然基本上了解了它的生活习性，但要作深入的研究，譬如研究它在繁殖中的诸多问题，都需要采取新的途径。

关于大熊猫的繁殖方式，长期以来被各种色彩涂抹得扑朔迷离。猎人中流传着种种离奇的传说，这些传说有的互相矛盾，有的则是荒诞不经。这也难怪，由于它们的生理方面存在着一些特殊性，致使打着科学旗号的外国"探险队"，曾在区别它的性别上不断坠入雾谷。1936年，罗斯·哈克纳斯的探险队，在四川邛崃山捕到一只幼年的大熊猫，将它作为雌兽，远涉重洋运回旧金山。次年，这位《女人与熊猫》的作者罗斯·哈克纳斯，又怀着特殊的愿望来到四川，最后又带回一只大熊猫，想让它们做伴。谁知，头年运回去的那只"母兽"却是个雄体。1941年，美国原以为得到了雌雄一对大熊猫，然而后来的事实表明它们却是一对姐妹！这种可谓不辨"牝牡骊黄"的做法，弄得世人啼笑皆非。

愈是光怪陆离的神秘，愈是激起科学家们去揭示神秘的热情。当然，这绝不是好奇猎胜。只要打开大熊猫的分布图，你就会发现在地理上，它们已被高山深谷分割成互不相关的块状，犹如生存在一个个的孤岛上。再则，它们的繁殖率低，在整个生存竞争中又是弱者，加上生态平衡的破坏等，都使它们处于危难之中。我们现在要研究保护这批国宝，那么对它繁殖生态的研究，必然是极重要的课题。

当科学家们给春天捕获的三只大熊猫分别带上微型发报机颈圈后，无线电跟踪表明：被命名为珍珍的"贵妇人"放回山野后，并未远行，依然逗留在这一带。它被捕的地点离会师树不远，那只诱笼还放在那里。说来好笑，是因为觉得那笼圈并不太可怕，或者是太馋太贪，它又数次进入了第一次被捕的笼圈，吃掉烤得喷香的诱饵——牛肉、羊骨头。

这位"贵妇人"的行踪被绘制在图表上。4月11日，它在一条山谷中漫游。傍晚和深夜，在它附近的一条山脊上，有一只大熊猫在呼叫。这一不平常的情况立即引起了营地工作人员的注意，并决定严密监视。第二天，那只呼叫的大熊猫依然在附近一声声地唤着，甚至还爬到一棵大树上眺望。第三天，从无线电的强烈的信息和珍珍的异常活动上，预示了喜剧即将开幕。科学家们奔向它所在的地方，映入眼帘的是一场爱情的追逐和决斗。

时间：下午3时许，红日西斜，树影婆娑。

地点：正是这棵绿叶如荫、花蕾萌动的会师树下。

"人物"：一大一小的两只雄性大熊猫，频频向珍珍献媚邀宠。带着微型发报机颈圈的珍珍，矜持地待在一边，高傲而又庄严，妩媚的秋波却不断在两位追求者的身上顾盼……

能在野外亲眼观察它们的爱情生活，这是对动物学家们辛勤劳动的奖赏，是千载难逢的机遇。

他们连忙打开了所有仪器，用摄像、录音设备记录下这珍贵的惊心动魄的场面。

剧情在发展：两位大腹便便的"绅士"，在争夺"贵妇人"的垂青中，已由献媚邀宠演绎成了"全武行"。在动物园里，大熊猫总是以憨态可掬、温良恭俭博得人们的喜爱。在会师树下，即使是妒火中烧，进行着殊死的战斗，那战略战术也还是不乏其憨厚和善良。它不像雄鹿成群地参加争偶，以角对角地顶、挑、砍杀，常常造成大量的流血和死亡。它们只是互相虎视眈眈、狂吼怒叫，装腔作势地冲撞。那只雄壮庞大的，吼声低沉有力，如牛；那只瘦小的，叫得响亮、尖利，似狗。激烈时带着颤抖的声音，吼得山谷也在震荡。这是消耗体力的竞赛、意志的决斗，双方都如同火车爬坡时那样呼哧、呼哧地气喘不止。

其实，大熊猫在和天敌豹子、狗熊、豺狗战斗时，是异常凶猛的。科学家考证出它在远古时代原来是食肉动物，这必须有副锐利的牙齿。生境的变迁，使它逐渐以箭竹为主食，但牙齿还是挺厉害的。它吃竹子时，牙齿像铡刀一样，咔嚓咔嚓地把竹子截成一段段。对于粗硬的羊骨，也是嚼得嘣嘣脆响。但为何在同类竞争中，却不采取这样粗暴凶猛的手段呢？据说，毒蛇在相争时，也很少使用能致命的毒牙。它们是否存在着同样的原因？这倒是个有趣的问题。

会师树下的战场沉寂了下来，双方都只顾喘息，那位高踞斜坡的"贵妇人"不满意了，哼出了像羊一样的吁吁声……似是一支神笛发出了无穷的魔力，它们带着喘息又展开了战斗。这场种群内的选择和竞争，直打得"天昏地暗"，到暮色快要垂落时，才以那位叫声响亮者狼狈退却而告终。当拖着沉重步子的失败者尚未消逝在森林中，珍珍已心满意足地站了起来，喜气洋洋地向威风凛凛的"骑士"奉献上温柔和多情！

它们对距离只有3米远的夏勒博士频频揿动的摄影机快门置若罔闻，只是在红花绿叶下肆无忌惮地狂热地沉浸在爱情的嬉戏中……

往后的几天，珍珍依然游荡在会师树的附近。

无线电的跟踪定位工作，看来似乎简单，其实是相当烦琐和艰巨。首先是定时测位，还有每周两天的24小时值班。那正是雨雪交加的季节，夜晚常常要冷到接近零下10摄氏度。胡教授和夏勒博士，都是单身只影在原始森林的

黑夜中任凭风雪吹打，抵御寒冷和野兽的袭击，守护着仪器，监听和记录山野发出的一切信息！再则，还要去实地考察它头天所生活过的地方，了解它的食谱、食量……

胡教授5月份在送我们下山时说的那段话，正是对前一阶段工作的总结。

我们更想早点见到珍珍，因此浑身也增添了力量，快速地向它的巢区二道坪进发。

冰豆终于成了细碎的小雪，细雨也时断时续。苔藓下的沼泽地印着杂乱的蹄印，那都是野兽留下的。我们已懒得去分辨哪是豹子的蹑手蹑脚，哪是黑熊沉重躯体踩下的脚印。道路也更加难走，有时还得从独木上通过。阔叶树种逐渐稀少，只有粗大的铁杉和冷杉，树上挂着渔网般的松萝，寄生着凤尾蕨和蛇皮一样的壳状地衣。一种不知名的小灌木上，顶着红得耀眼的叶片，使这冷调子的色彩中冒出一星暖气。偶尔听到的一两声鸟鸣，立即为大森林增添了喜悦和欢乐。

由于海拔高，我只顾大口地喘着粗气，衬衣也早被汗水湿透。陡坡刚完，一脚踏上平缓的阶地，就见胡教授停步，回过头来做了个要我们轻声和警戒的手势。

老唐和我顿时紧张起来，屏声息气，用眼睛搜索着周围的一切异常情况。由于保护区内禁猎，黑熊和豹子也多了起来，更有凶猛异常、时而主动向人攻击的牛羚。

　　不知什么时候，风也停了。寂静得出奇的森林深处，响起了几声急促的鸟叫，接着是四五只红嘴鸦雀扑着翅膀从头顶掠过。经验告诉我们：有大型的野兽在活动，路旁的兽径似乎也突然活动了起来，瑟瑟作响。

　　再看胡教授，他依然是悠闲地迈着脚步，背上沉重的背包很有节律地摆动着。但那双深邃而又锐利的眼睛，却在平阶左侧的箭竹林中细致地扫描着，神情专注得像在辨认一幅微雕。

　　突然，山顶上传来了沉闷的响声，轰隆隆地滚动，似是有着千军万马奔驰而来。只见前面粗壮的枝干急剧摆动，灌木、竹林立即伏身，一股强烈的气流扑面，啸声震耳。我赶紧闭起眼来，努力撑住站立不稳的身子，心头涌出古代小说上常有的一句话"一阵腥风吹过……"。等我再睁眼时，并未出现"那大虫"，只有苍苍莽莽地向山下滚去的涛声。等到森林又恢复了寂静，才听到老唐深深地舒了口气："好大的穿山风！"

　　眼看又要爬坡了，一顶橘黄色的帐篷从路左林中冒了出来，而且一下就堵到面前。胡教授像到了家似的，边放包边说："这就是二道坪观察点。"

　　真没想到，目的地已经到了。时间却是下午1点多钟，不知不觉中我们已经走了6个多小时的山路了。

　　"你们往那边看。"胡教授站到帐篷外侧，向来路偏南方向斜指："还往深处看……对，就是那棵最高大的冷杉，珍珍的巢穴就在那下面。"

难怪刚上到这个阶地，他就要我们轻声和警戒。原来，这块山间的平缓之处即是二道坪，是大熊猫的育婴房，保持安静是理所当然的事。我们抑制不住兴奋的心情，向高大的冷杉处眺望——并不需要望远镜，距离不过五六十米。黛色的针叶树都高大、粗壮，我们旁边的这棵，就需要我和老唐手连手才抱得过来。它们虽然遮挡不了视线，但珍珍的巢是看不到的，望远镜也没用，全是密密的箭竹林。

我们在看二道坪的生境和景观时，胡教授已从帐篷中取出了无线电跟踪仪，把耳机套上，手持活动天线。

"情况怎样？"我忍不住问。

不知是未听到还是无暇顾及，他一边忙着调试频率，一边不时往本子上记录。直到一切都做完了，还是没有说话，只是将耳机递给我：

"这是龙龙的信息！"快速的"波、波"声敲着耳膜。

他又调个频率："这是宁宁的信息！"

"波、波"声立即改变了节奏，缓慢而悠长。这两只都是春天诱捕的未成年大熊猫。

"下面是珍珍的了。"

它的信息也是那么悠长，也是那么不紧不慢的。

"你们运气不佳呀！"他不无遗憾地摊了摊手，"它不愿意接见你们。"

他一定是看到了我们瞪大的眼睛，满脸不平和疑惑的神色，又说："信息表明，只有龙龙在活动，珍珍和宁宁都在休息。珍珍正抱着宝宝在睡觉。"

"若在外觅食，还怕碰不到。它抱头睡觉，不是最好的时机？"老唐性急，说话速度很快。

我张了几次嘴，也未说出话。因为，胡教授上次在这里遇险的情景，倒是不少同志向我说过。

9月上旬，一切的跟踪情报都说明珍珍已经生仔了。这件罕见的事立即撩得大家坐立不安，都想去探视一番，但谁也不敢去冒这样的风险。

10月份的跟踪，更加证明它在哺幼——活动时间比9月上旬以前要长得多。显然是需要汲取更多的营养制造奶汁。随着时间的推移，人们更想亲自去观察它和它的宝宝，但风险依然很大。

胡教授何尝不想早点去呢？但作为动物学家，他更清楚哺乳动物具有强烈的母性：在产仔和哺乳期间异常敏感，且有非常的聪明才智和极其凶悍、暴戾的脾气。为了保护其子女，可以毫不畏惧地献出生命。相反，在特殊情况下，它们也可弃仔而不顾，譬如猫、狗、老虎。动物园中，受惊扰的母虎和豹子的弃仔事件屡见不鲜。关于大熊猫，饲养状况下也有这样的记载。

说来好笑，别看成年大熊猫肥胖，体重有几百斤，但它刚从母体落地时，仅仅只有八九十克（还不到二两），身长只有十三四厘米（相当于自来水笔的长短），双眼紧闭，肉红色的身上只有短而疏的白色胎毛，简直像只小白鼠！哪里有一丝一毫缎子般的黑纹（传说古人曾因其黑白毛组成了奇特的图案，称其为"太极图"）。一直要到满月之后，它的肩胛、眼圈、四肢才变得黑油油的，出现鲜明的黑白相间的条纹，才显示出它是大熊猫的子孙。满月时的体重，也不过才 1000 多克。幼仔又特别娇气，总是又哭又喊（每小时竟能达 120 多声），向母亲要奶，要爱抚。妈妈也特别宠爱新生儿，轻轻地含在嘴里或搂在怀里。

胡教授要考虑的是什么呢？

珍珍的攻击，当然可怕。在王朗自然保护区，有只大熊猫为了护仔，曾一口将某人的手齐腕咬断（我见过这位独手大汉）。另有一例：某人和大熊猫遭遇，臀部被咬，仅仅一口，所剩只有一半。

但这若与它可能遗弃婴儿相比，那简直算不了什么！研究中心无论如何也不能遭受这样的损失。

科学，往往就是要做到常人认为做不到的事！

胡教授在细心地分析资料，加紧工作，耐心地等待时机。

经过反复的讨论，他们对可能出现的情况、相应的措施、应急的办法，都作了详尽的研究。那气氛，比战争前夜参

眺望

谋部的战术讨论都热烈、紧张。直到觉得没有任何遗漏，可稳操胜券后，胡教授与夏勒博士才决定去探望这对母子。

10月20日，他们来到了二道坪的观察点帐篷。当无线电传来珍珍已出巢采食的信息后，他们立即沿着一条兽径出发了。胡锦矗在前，夏勒博士在后，小心翼翼地推进。他们是想乘母亲出巢先去看那位小宝贝，还是先去看母亲在何处，再避开它去探视巢穴？

不管计划安排得如何周密，还是出现了意外。也不问他们是否愿意，总之，是戴着颈圈的那位母亲，突然出现在他们的面前。两人不禁一惊，但细心沉着的胡教授注意到它并未发现他们……正当他在思索如何行动时，它却径直向他们走来，距离太近，躲开已不可能，胡教授举起照相机抢拍……倏然之间，"轰"的一声，它愤怒地向胡教授和夏勒博士扑来，离他们只有一米……

借用一句"说时迟，那时快"，身材魁梧的胡教授挡住了它的去路，然后一转身向山坡上方跑去。大熊猫哪里肯舍？撒腿就追。大熊猫在箭竹林中奔跑，就像鱼儿游水，得心应手——它像一部大马力的隧道开掘机，竹子向两旁分开，身后留下一条绿色穹隆。至于胡教授，箭竹就是可恶的绊脚石了。他跳着、跃着、蹦着，拼命地向山上跑，净拣陡坡跑。是因为胡教授的机智和强壮的体质，还是因为大熊猫不善于爬陡的坡（它太肥胖了），反正首先是大熊猫停下了脚步，大口大口地喘着粗气。前面坡上的胡教授这才停下，转过身来盯着它，也是急速地呼吸，气喘吁吁……

胡教授瞅空扫了一眼二道坪上的旷野。

在僵持中，首先是大熊猫折回头，依循来路撤退，那下山的速度是飞快的……

胡教授刚明白了大熊猫的意图，心里一紧，立即冲下山。

大熊猫火了，回头再扑教授。教授打了个愣，它已到了跟前。胡教授又回头猛跑，依然专拣陡险的地方。这场追捕还是以同样的情景结束。大熊猫在山下喘气，恨恨地抬头望着山上喘气的教授。

教授再一次扫视了一眼二道坪上的旷野，又向那棵大冷杉瞄了一下。

大熊猫再次下山，还是依循那条老路。教授又毅然冲了下来，但路线已偏离了原路……

偏巧，冷杉那边响起了几声似狗似猫的叫声。

大熊猫颠着个肥屁股，眼看着胡教授跑向另一方向，才扭过头，侧过身子向冷杉下它的巢穴跑去。

夏勒博士呢？他爬到一棵树上了。可能是忘了大熊猫爬树的本领并不差。

事后，有很多人，包括我，都一再问胡教授："你引开大熊猫，是为了保护夏勒博士吧？"他坚决否认："我可吓惨了。它追我，我当然要跑。我体力好，又和它在山野里打过长期的交道，懂得它的脾气，它也就没法追上我。"

谁也不信他的这些说明，然而再深究下去也没必要。

不过，我倒想起有关他的几件事。

1975 年，他带领考察队在宝兴县硗碛乡考察。一天，他和学生邓启涛上山，途经一处悬崖峭壁，异常陡险，几乎无法通过。找了好一会儿，也未寻到其他的路，要到达他们去的地方，非经过此处不可。胡锦矗向小邓交代了几句，就把肚皮紧紧地贴在石崖上，两手牢牢抓住石棱，一步步地挨了过去。小邓一开始很害怕，但老师的行动使他鼓起了勇气；更何况老师虽站在险处，却已做好了保护自己的姿势。邓启涛开始爬壁了，总算顺利。但就在快要通过时，脚下的石头松动了，他一看那万丈深渊，心慌了，思想刚一走神，脚也空了，手也松了……胡锦矗不顾一切，一把托住了他，两人都跌坐到岩石上。还未等他们回过神来，滚落水潭的石头轰隆一声，激起水花四溅。邓启涛一再感谢老师不顾跌落深渊的危险，救了自己一命。胡锦矗却多次检讨自己没有照顾好学生，不该冒险，工作粗枝大叶，差点儿出了伤亡事故。

在考察队中，每次出发时，大家都抢着要和胡锦矗在一个组，这不仅是因为他博学，还因为——每次出发，总是他在森林中开路；当晚上拖着疲倦的身子回到宿营帐篷时，他从不指挥别人，而是放下背包，就去默默地捡柴、起火。别以为起火是件容易的事。1974年，他们在花草地碰到大雨，6月天还把大家冻得上牙打下牙。捡不到干柴，倒了两小桶煤油也未能把火点起来。1980年，在西河考察时，在粮食短缺的情况下，为了起火，还不得不忍痛将肥肉割下引火，在冰天雪地或寒冷的夜晚，火就是温暖，火就是生命！每次考察结束时，各个组把资料一交，就完事休假了；而胡锦矗总是默默地留下，默默地整理着材料，既未回家，也未休息。几年来，他写了数百万字的考察报告，但署名时是集体，得到的奖金也均分给了大家。

胡锦矗就是这样的人！

我已明白了胡锦矗在路上说的——能否见到大熊猫，大熊猫是"文接"还是"武接"，都要看天时、地利、人和。今天，我们一条也不占，它守在巢穴中。别说我和老唐没有胡教授健壮的体格，即使有，也不敢去冒丢掉一只手、献出半个屁股的危险。但我倒是详详细细地询问了他和博士那次遇险的地方，看清了双方的态势，以及追赶者和逃跑者的路线。我想象着那场惊心动魄的情景，装出漫不经心的模样，问了胡锦矗一句："那天，最后一次，你是往哪边跑的？"

"这边，往帐篷的方向。"

我明白了大熊猫为什么不追他了。从刚才实地观察来看，他们起先是向着巢穴方向前进，才突然和大熊猫遭遇。

而胡教授向前一挡，转身向山上跑，大方向还是往巢穴去的。最后一次，胡教授眼看已完成了任务，才改变了方向，自然也就摆脱了大熊猫的追赶。他不会不知道大熊猫当然要保护在巢中的婴儿，更何况在这之前，大家曾反反复复讨论过可能出现的危险！

我更理解教授了。

虽然没看到大熊猫和它的孩子，我也心满意足。相信老唐和我的心情一样。

一停下来，寒气直往身上袭来，汗湿的内衣像冰一样往身上贴，但我们还是坐在帐篷里吃着干粮——饥肠辘辘的滋味儿也不好受。更何况还有只小松鼠，不断地从树上跑下来，转动着黑豆似的小眼，向我们讨吃的哩！它只要得到一小块饼干，就立即跑走，转眼又来，是送回去给它的孩子还是储入粮仓？它甚至还欣欣然地跳到教授手心上攫食！我和老唐试了几次却都不成功。

教授说："我们是老朋友了。你们多来几次，它也会和你们亲热起来！"他是为了安慰我们，也是对即将和我们分别有些留恋。他重感情，十分珍视友谊。

突然，胡教授神情一振——传来了几声像小狗的吠声。

"是大熊猫幼仔在叫。"

不错，声音是从那棵大冷杉方向传来的！

"它是要请你们原谅，今天不能接待！"

山岭上，响起了我们畅快的笑声。

做完了一切考察项目，我们就下山了。天还是那样阴沉沉的，但雨、雪都停止了，路上的气氛也轻松起来，可以说说笑笑。

会师树已出现在视线中，因居高临下，看清了还有条岔路通往右边的山膀。

我信口问了一句："那条路通向哪边？"

"白岩观察点。去年，我们做了一件大事：开路！在观察点内按考察要求开了7条路，织成了一个网。那真是披荆斩棘，没有一个人不带伤，砍刀都磨蚀了一截子。眼前这条路，是一部分同志从白岩开刀，另一部分同志从营地向这边砍路，胜利地会师在美丽的杜鹃树下……"

"会师树的来历原来是这样！"我脱口大声喊叫。原先，我却是想当然地以为这名称是因为……

"这里原先是片荒野，只有兽径，没有人走的路！是我们来这里建立这个科研基地后，大家共同努力开辟的！考察队员，南充师院的老师、学生，保护区的干部、工人都挥洒出了血汗……"

是的，我想起了营地"五一"棚的来历，那是因初期从山下泉眼挑水到帐篷，需爬51步，年深日久，竟踩出了51级台阶！这里的每一个名称，都汇聚着科研人员的丰功

伟绩。

我们站在会师树下，望着这隐伏在林下丛莽中蜿蜒的小路，更有一番情思在心头滚动……

不远处，断续地传来了几声"咿呀"声。老唐以为是大熊猫，我却觉得是鸟鸣，胡教授只顾侧耳倾听。又是两声树枝的断裂声。

我忍不住说："怎么有人到观察点砍柴？"

胡教授一边用手势叫我停止说话，一边压低了声音："金丝猴！"

我像离弦的箭一般循声跑去，但不久，前面就失去了目标。我想起了早上的事，立即在地上寻了起来。嗨，果然让我们找到了它们丢下的棍子。我抓住这个"影子"往前跟踪。

又是咔嚓一声。

光秃的桦树顶上，坐着好漂亮的一只金丝猴！它蓬松着暗金色的毛衣，粗长的尾巴下垂，真像个带尾巴的玉米棒一般。彩色的面孔上，一副有神的蓝眼睛还向我这边瞅着。我刚往树后一躲，想隐蔽起来，就见它突然站起，呼哨一声，用力一压树枝，等到树枝向上一弹，它已就势纵起，张开四肢一跃，落到5米开外的一棵树上。再一跃，已消逝在森林中了。这里、那里都响起了一片瑟瑟声，还夹杂着一片哗哗声。

"在哪里？"老唐急匆匆地撵来。

我还沉浸在喜悦中，不禁欢呼："好漂亮的金丝猴！我看到了，看到了！"

胡教授止住了还要去追的老唐。"他看到的是哨猴，又是群尾。它们一个社群中组织严密，有专事报警放哨的公猴。刚才见到它时，不躲反而没事，只要大大方方地看，它也并不害羞，会让你看个够。受惊后，跑得异常快。"

"几百只的一群猴，还能在眨眼之间就跑完了？"

"冬天分群了。估计已分成三四群，到食物丰富的春天，还要合群的。这一群在这里还要游荡几天，不会马上就走，但今天天已晚了。"

"明天能看到它们？"

"那就看你们的运气了——耐心、不怕苦，总是能如愿的！"

海底，和变色龙较劲

　　我的估计不错，不多远，小船就上到礁盘上。刚上到礁盘上，就听到哗啦一声，隐约看到海面上露出了一条大鱼的背鳍。从背鳍的形状看，肯定不是鲨鱼、旗鱼，但从它激起的海浪看，这条鱼最少也有二三十斤重。浪小了，可鱼跳声却一片喧嚣，靛蓝的海面上，这里、那里都是星星点点的闪光。

　　西沙群岛的所谓礁盘，都是千万年来珊瑚虫留下的骨骸和它们正在制造的外骨骼的堆积物。露出水面的，成了珊瑚岛，珊瑚岛总是有个很大的礁盘把它托起。珊瑚礁大者可像澳大利亚的大堡礁，绵延几千千米，其中还有潟湖；小者十几平方千米。

　　白天可以从一圈浪花看出礁盘的大小。黑夜中，我看不到这个礁盘有多大，但水不是太深，阿山关了马达，把船停下。

"考考大叔、阿姨的眼力，尽量往海里看，看看谁有发现，发现一样就得 10 分。"

这小子又来逗我们了。反正是来探索海洋的奥妙，我还是头一次在远海，当然要看。

今夜没有月亮，繁星虽然满天，但它总是在闪烁。海水泛着深沉的靛蓝色，就像一块大幕，遮住了神奇世界的大门，只有模模糊糊似虾似鱼在水中游动的模样……而近处、远处的鱼跳声，还有种似是昆虫的窸窸窣窣，又特别撩人。嗨！还有个小红球在滚动呢！是海龟？刺鲀？可当你去追寻真相时，一切又被黑暗掩去……

李老师抗议了："阿山，你先说说，看到了什么？黑漆麻乌的。"

"我看到这下面是五彩缤纷的海底花园，最少有十几种正'鲜花怒放'的珊瑚；刚才还有一只玳瑁好漂亮啊，背甲还闪着荧光哩，正追着小鱼哩！阿姨没看到？"阿山的话语中充满了调侃、神秘的味道。

"你只管瞎胡吹吧！把上次去捕飞鱼的大灯打开，别舍不得电！"

"不是舍不得用电，我从来都把电瓶充得满满的。今夜是来看珊瑚的，你想想，现在你都看不到，灯一开还不是把鱼都引来了？这里可有鲨鱼啊！也行，你要是想抓鱼哩就开灯。不看鲜花般的珊瑚，没啥了不起！"

"耐着性子吧，等到眼睛适应了环境，总会有所发现。"我只好安慰她，当然也是说服自己。皇甫博士说的鲜活的珊瑚生活，是那样的诱人啊！

一当静下心来，我看到了细波微浪的海中，似乎有着天空的星云，虽然那么朦胧，还有鱼虾不断从星云上划过。但看久了，微亮的星云像是树林或山峰幽谷——那是珊瑚吗？似树林的该是枝状珊瑚，山峰、幽谷应是堆集的块状珊瑚？抑或是幻觉、幻象？

我把这个发现告诉了李老师，她说也有同样的感觉……

"嘻嘻，没想到你们的预习结束得这样快！皇甫老师教我时，花的时间比你们长了一倍。别急，我先下到礁盘上看看水有多深，再来接你们！"

这家伙又精又刁，精、刁中创造了情趣。这在孤寂的探险生活中，是极爽口的调味剂。

海风紧一阵、慢一阵地吹着。水不深，只到阿山的腰眼，使原有的茫茫大洋上，一叶扁舟与三个人的寂寞，有了惬意、兴奋。

他从船里取出了潜水镜，我们这才发现他已换了潜水装了——他平时钓鱼作业时的行头。

李老师说："我的呢？"

"说什么你也不能下去呀。在这黑夜，在这茫茫的大海大洋，我怎么敢带你下去？再说，我也没那么多的潜水镜呀……"

阿山话音未落，李老师伸手就把他头上的潜水镜抓到了手中。

"霸道，太霸道了，哪有老师这样对学生？"

这小子又在调节气氛了。李老师可 70 多岁了！

"可以下来了！"

我下到水里转身想扶李老师。可阿山已拉着她边往前走边说："别急，先适应适应。"

南海的水温高，很舒适。可没走两步，海上回荡着李老师又惊又喜的叫声："鱼儿们在我腿边啄着。"

"没事。来了新客人，它们总是要探寻一番。我先下去看看，你们站在这里别动，千万别动。这旁边就是礁盘的尽头，掉下去肯定有几千米深，谁也捞不上来。"

阿山却一改他那"蛙式"钓鱼法——往前一跃，俯身到海里察看鱼情，就势俯下身子潜入水中，打开了头灯，射出了一条光柱……

我们顿时跌入了童话的世界、魔幻的世界，眼前的景物，一切都是匪夷所思地呈现……

妙极了！鱼呀，蟹呀，虾呀，纷纷向光柱游去，各种的藻类、植物漂浮着，光柱像是摄像机的镜头，在一片彩色的珊瑚丛中慢慢扫过，大约是想给我们一个全景式的观感。

他出水了："往这边来。"

我们走过去了。阿山要我们弯腰注意看。

他又游下去了。光柱下色彩斑斓，焕发出花园中的五光十色，大朵小朵的鲜花绽放……然而，总给人一种不确定的感觉，虽然南海透明度高，也仍似是雾里看花。

我索性学着阿山的样子，半潜到水中。好家伙，闪着绿色的枝状珊瑚，比春天的柳条还要青翠；紫色的珊瑚粗壮，红海柳变幻着深红、玫瑰红；鹿茸一般的鹿角珊瑚，白玉般的石芝珊瑚，大块头的脑珊瑚、滨珊瑚……真是精彩纷呈。

更有无数盛装的小鱼在珊瑚礁中游来游去，红白相间条纹的就是小丑鱼吧？那嫩黄、靛红、黑蓝相间的，大概就是蝴蝶鱼吧？举着蟹钳的蟹，一纵一纵的虾……

憋不住气了，只好出水，连连说着："太精彩了！"

眼看李老师也要半潜，慌得我一把将她拉住："胆大妄为！你只是个旱鸭子，这是大海，还是夜里！"

"别吓唬人，大学到农村实习时，每天晚上我们几个女同学就在水塘里洗澡。"

"你今年多大？老来不说少年勇。你不是第一次赶海上礁盘，坑坑洼洼，软礁盘更可怕。只要一个歪斜跌倒，爬都爬不起来。"

她不吱声了，一会儿说："机会难得，你快下去吧！"

我刚潜下去一会儿，就感到衣角被抓住，回头一看，正是李老师——她总有办法抓住目标。这像不像用登山索将队员们拴在了一起？既然如此，为什么要剥夺她享受发现的快乐？

珊瑚丛如森林的绿叶，闪透出了勃勃生机。

其实，我已从阿山头灯的光柱处看出了奥妙，示意李老师看珊瑚顶端。

那里晶莹发亮，像一盏盏荧光灯闪烁，似是有无数的纤手在狂舞，那纤纤细手是彩色的，色彩迷离，眼花缭乱——那就是珊瑚和它的触手。

我把李老师拉上来了，我们大口地喘气。呼吸着带咸味的新鲜空气，似乎连血管中血液流动的声音都听得见。

阿山也出水了："再凑近一点看。别怕，珊瑚虫的触手虽有含麻醉剂的刺胞，但人碰到几乎没感觉。"

等到李老师气喘匀了，我要她再次深呼吸，将氧气多装点到肺中。

刚潜到水下，就见珊瑚礁洞中露出了两根长鞭，上面有环节，还是彩色的。我知道肯定是只大龙虾，这些家伙喜欢在洞中生活，还是掘洞的高手。我本能地伸手就要去抓，李老师直摇手，又指指珊瑚闪烁的灯。我明白她是要我别丢了西瓜去拣芝麻。但我还是忍不住看了一眼大龙虾爬出来的红艳中泛着黄、黑彩色的身影，真大，总有七八两重……阿山居然也没有动手，他的头灯还照着它。

嗨，转眼之间海底的泥沙都动了起来，闪起了亮光：

它的确是珊瑚，名字就叫辐石芝珊瑚，形状非常奇特，很像一个盘子。
千变万化的生命形态，创造了丰富多彩的世界

潜伏的红头螺壳中伸出了白嫩的身子，船蛸翻开了缀着格状花纹的白色大裙，身形如"水"的水字螺正蠕动而行，羽香骨螺挺着长长的骨剑，唐冠螺正顶着庞大的身躯，海兔穿着印有圆形斑点的雪白的风衣……这些螺、贝一改人们印象中踽踽爬行、淡定自如的风范，多是行色匆匆，甚至连蹦带跳，如魔如幻——啊！夜行动物们开始了新一天的生活！

我竭力摆脱这些闪光流彩的海底明星的诱惑，去探视珊瑚的生命之花。

凑近了看，依然不太清晰，我只好凭着已有的知识融和着想象了。那些纤纤细手，似乎应是它们的触手了，为何要像金蛇狂舞、龙腾虎跃一般？是在表现生命的美丽？

那些纤纤细手似是围着一个中心在舞蹈，像是朵朵金丝菊，那中心似是花蕊，居然是一个小孔。

我很不解，越是想看得清楚、明白，却越是陷入朦胧、困惑……

我们出水了，向阿山提出了一连串的问题。他招架不住。正在惶惑之中，看到一束灯光正向我们走来——是皇甫博士！

她说："两位老师刚刚看到的是朦胧美——飘忽的、似有似无的、真实和梦幻之间的美，心里洋溢着渴望。我把它带来了，等会就可看到真实的美。"

这不是水下摄像机吗？看李老师的表情，她心里肯定在说：惭愧，惭愧！在野外拍了几十年的照片，虽然是业余爱好者，也不至于忘了微距拍摄吧！

皇甫博士先让我们在摄像机显示器上对珊瑚世界进行了浏览，出水后又作了简短的说明，再领我们半潜到海里观看。

啊！真是美妙、奇趣无穷、充满了生命智慧的世界。

她选了一簇鹿角珊瑚作为标本，它有七八枝，枝粗，头圆，像一片玉树琼花。

在珊瑚礁枝头发出莹莹光亮的是鲜活的珊瑚虫的群体，呈现出深蓝、翠绿、嫩黄的色彩，是由不同的种群宣示着生命的色彩。虽然我们还无法看到更为精细的世界，但皇甫博士已说了，它们是腔肠动物，水螅体。作为个体，它小得即使在微距镜头中也难以窥视出它是圆筒状。无数的圆筒状的微小生命，集群在一起形成了生命共同体、命运共同体。只有这样才能对付强敌，适应环境。维护生命发展的营群性的动物，总是依靠团队多了一份智慧，多了一分力量，在残酷的生存竞争中存活。

李老师问："珊瑚为什么色彩各异？"

皇甫晖说："那是因为与它共生的不同的虫黄藻造成的。虫黄藻也是个大家族！它生活在珊瑚虫体内，在日光下进行光合作用，吸收二氧化碳，能将氮、磷、钾转变成有机物，成为自己生活的营养，并在光合作用中排放出氧气；而珊瑚则刚好相反，正需要吸收它排出的氧气，而要排出废物氮、磷——非常奇妙的共生关系。但虫黄藻可是个只能共享福而不能共患难的家伙，如果环境一恶化，例如水温高了或低了，不适宜虫黄藻生活，它就要从珊瑚体内逃之夭夭，珊瑚就白化了，无法生长或死亡。

这比小袁说得更清楚，也使我们对命运共同体有了更多的感慨。

那些如茸毛、似纤纤细手的，确是珊瑚的触手！每个珊瑚虫都有 6 条或 6 的倍数的触手（另有 8 条或 8 的倍数的触手），层层叠叠，非常壮观。这个鹿角似的柱头上，何止是成千上万条触手在狂欢舞蹈？其实，它们是在为了

南海中的珊瑚世界

食物而辛劳，只要有一只触手抓住了微小的浮游动物，就会用刺胞中的刺丝囊放出麻醉剂，待到猎物失去知觉，触手就将它送入口中——对，我们看到的中间的圆孔，就是它的嘴。

最奇妙的是这个柱头上有很多的嘴，但皇甫博士却说，它们只共用一个胃。这是因为珊瑚虫是一种叫共肉的结构，如纽带一般，把一个个微小的珊瑚虫连在一起。这个共同体能将捕捉到的食物消化成营养，分泌出角质或石灰质形成了珊瑚虫的外骨骼——它们生活在外骨骼的城堡中。这些外骨骼就是我们平时说的珊瑚，其实是珊瑚留下的骨骸。

珊瑚虫是海底花园的建筑者，它不仅设计了珊瑚的各种形态来彰显生命，以缤纷的色彩宣示生命的美丽，同时也创造了海洋中的顶极生态系统。据科学家的结论，海水原本是贫瘠的，正因为有了珊瑚虫，有了珊瑚礁，才使蓝色的沙漠成了绿洲，四五千种鱼类才有了赖以生存的家园，众多的海洋藻类才有了立足的土壤。

珊瑚虫创造了大奇迹！渺小转身是伟大。

珊瑚虫以壮美的生命启迪了人们的良知，宣示了一个真理：保护珊瑚礁生态系统，就是保护海洋，保护人类的家园——海洋的面积占地球的三分之二啊！

我看到一朵硕大的花，深绿色，复瓣，丰满艳丽，在海流中拂动着，婀娜多姿，诱得我刚伸出了手，就被皇甫博士抓住，连连摆手。

出水了，我问："那个珊瑚有毒？是海葵？"

她说："还没看准。在大海也像在森林里，看不准的植物别用手摸。"我谢了她。因为在热带雨林中，我不止一次吃过苦头。一次，看到一种藤子的色彩多变，手刚触到，就像被火灼，红肿了好几天。

她潜下去看了后，说："是软珊瑚。"

我知道珊瑚有造礁珊瑚和非造礁珊瑚之分。软珊瑚就是非造礁珊瑚，不久前看到的如很多水泡泡的集结，就是软珊瑚，但红珊瑚、黑角珊瑚、柳珊瑚的触手，却有8条。我终于明白了，为什么在说到珊瑚时，经常提到"六放"和"八放"。

李老师大约是看出博士要赶回样方地考察，紧紧地握着她的手说："非常感谢，你让我认识了一个奥妙无穷的生命世界。要不然，我只是停留在它们的外表，直观总比抽象地讲要生动得多。你的讲解也精彩，我当了几十年的教师，对这方面有特别的体会。下次再看珊瑚时，肯定会有更多的心得。"

"其实，珊瑚还有很多神奇之处，越是深入研究，越是感叹生命的伟大！这也是我之所以选择这个课题的原因之一吧，欢迎两位老师参加我们的团队！"

别说李老师乐了，我也听得心情激荡。

直到皇甫博士出了礁盘潜入了深海，我才要阿山将头灯照在我的腿上，一直感到有什么在小腿裤子上摩挲，我动它也动……

仔细看是条红、蓝鞭子状的，正从珊瑚礁的小洞中伸出。那鞭子正在裤子上来回、上下地抚摸。

喂！别摸错了，那是我的帆布牛仔裤，可不是什么美味，别是今晚吃牡蛎，不小心沾了它的鲜美的汁液吧。

"你还不赶快走？"李老师说。

因为海里有不少带有毒液、毒素的生物，那是它们掠食、防身的武器。

"看看是谁，要干什么，不也很好？反正裤子厚。"我转脸又问阿山，"是大龙虾？"

他说："那这只龙虾肯定要比先前看到的大好多倍！"

这家伙，肚里绕的什么花花肠？

是呀，鞭子这样长，又还这样粗。不对，龙虾前面的触须还能这样蜿蜒卷曲……

嗨，洞中又伸出一条鞭子，那鞭子在神奇地悠着，一只正慢慢横行的大螃蟹突然慌里慌张地加快了速度，一边横行，一边把顶在柄上的眼睛盯着那鞭子……

我正在忍耐着，鞭子却缩到洞中了。

演员退场了。观众在怅然中，又还充满了期待。

奇了，洞口的一块礁口却突然被推出一块，又推出一块。

能推落这样大的礁块，该有多大的力量！

是什么怪物？

我们是来观赏珊瑚的，礁盘上难得有大鲸、大鲨的出现，谁也没带防卫的武器。在野外探险几十年，并不惧怕老虎、豹子、熊这些大型的猛兽，最怕那些小家伙——马蜂、旱蚂蟥、马虻子、血蜱、蚂蚁……你不知怎么得罪了它，它就给你来上一口，让你又疼又痒好几天。

我和李老师不禁往后退了两步。阿山却拉我向前，摞出一句话："别后悔。"

他想作弄人？这家伙不是做不出来。我们在热带雨林考察时，朋友老张做向导，就利用我好奇心大，常常搞些小的恶作剧让我吃点苦头。

几块礁石都被推下了——这个洞口原来这样大！

怪物隆重出场了——一团披红挂绿、色彩斑斓、浓妆艳抹、闪着恐怖色彩、瞪着两只逼人的大眼，挺着几条火焰般的触手，从容地出来了……后半身还在光柱外。

挣脱了阿山，拉着、护着李老师往后退，同时感到阿山也往旁边闪了闪。

那怪物身上的色彩在变幻，转眼间成了大红大紫，那如鞭的触手上，突起的是环节或肉瘤？

"变色龙？"李老师见我没回答，"是乌贼还是章鱼？"

"数数它的触手。"我说。

"好像有七八条哩！"

"乌贼有 10 条，章鱼有 8 条……"

"章鱼！难怪叫八脚鱼！"

李老师说着就直往后退，眼睛紧紧地盯着它。

当我认出是章鱼，说实话，心里直敲鼓，虽没尿裤子，但全身汗毛都竖起来了。因为章鱼的触手上有很多吸盘，只要沾着它想要的猎物，就紧紧吸上去，最少也吸得对手体无完肤。吸盘还会施放迷幻素。赤道附近的太平洋，有种体型庞大的章鱼，它敢和大鲸、猛鲨叫板，8 条触手如神话小说中的"捆仙索"。在它饥饿的时候，大鲸、猛鲨碰到它也很难逃脱。我想起上次跟随阿山钓乌贼，我没钓到乌贼，却钓到了几十条小石斑鱼。当我正拖着这串鱼往船边走时，却被谁在后面拉了一下，差点摔了个仰八叉。回头一看，原来是条大章鱼抱着我钓的鱼猛吃——就像雇了我当专门为它捕食的马仔。幸而我"糊涂胆大"，费尽了惊险，最后还是阿山赶来帮忙，才制服了它。

可那条章鱼比这条章鱼要小得多，而且我还没有鱼给它吃，且又带着李老师。可现在……

"千万别让它的触手缠上。"我警告李老师，同时也只能紧紧盯着它的 8 条触手。不是可以撒开脚丫子快跑吗？可这是在水齐腰深的礁盘上，那些坑坑洼洼就像地雷，跌倒了躺海里更危险。再说，这黑灯瞎火的，该往哪里跑？

溅水声是不是更要引来章鱼？岂不是弄巧成拙？

我用眼的余光掠了几下阿山，只见他也似是手足无措地瞎忙什么。

大红大紫的章鱼全身都出来了。虽然灯光照不到它的全身，但也紧紧追随它的触手……怪事又出来了，只见它突然倒着身子游动，触手前似有水流，难道它也是"倒行逆施"的家伙？山野中也有这种怪癖的家伙，豪猪就是，当它遇到敌手时，总是将全身的刺矛挺了起来，抖得哗啦响。如果敌人不吃恐吓这一套，它就突然转身，快速后退，将无数的长矛刺去！退攻！可那是遇到了强敌，但目前章鱼四周并没有它所畏惧的对手呀——大海里站在它身旁的三个人，还不是它的强敌。

正在我紧张、恐惧得快要拉着李老师就跑时，却见它一拐弯、向着大约是刚才吓跑大螃蟹的方向追击去了。

"蟹是它的所爱，暂没有太大的危险。"阿山边说边将头灯取下戴到我的头上，"我去船上拿个家伙来。你拿着这几条鱼，万一它追来，你就丢鱼给它吃，千万别冒险惹它！"

"喂，大家一起撤吧。"

"不，你得看好了，要不然我要找你赔。"

说完就消失在黑暗中，把我们两个老顽童丢在茫茫的大海上。

这家伙，神不知鬼不觉啥时钓了几条鱼？难道就是我以为他手足无措的当儿？他是神钓高手，只提着一条鱼线，鱼钩但凡穿有饵，他就能把鱼钓上来。即使钩上没有饵，我也亲眼见过他把鱼钓了上来——那鱼叫傻瓜鱼！若不是金枪鱼、马鲛鱼或鱼泛时，他绝不用钓竿。

我的心一下提到了喉咙口。天呀，天地一片漆黑，无边无际，若不是有繁星闪烁和粼粼的波光，那真像是铁铸成的笼。

这家伙临阵脱逃，却把危险丢给我们，啥个做派？

管他哩？他既不是我的领导，我也不是他的领导，三十六计，走为上策。我拉了李老师就要去追那影影绰绰的身形。刚要举足，李老师却拧了我一下。疼痛使我清醒：何不看看再说？机缘是可遇而不可求的。何年何月何时，我才能遭遇这样大的"海底变色龙"？

李老师紧紧地偎在我的身旁，感到她在发抖，是在海水中浸得太久还是恐惧？

"没事，只有自己吓自己才可怕。"我拍拍她的肩安慰，"阿山肯定是拿鱼叉去了。真贪！还要我们帮他火中取栗！你授了他'精英渔民'称号，渔民的本性总还是渔猎。"我说得格外义愤填膺，当然也想转移李老师的情绪。

坏了，大红大紫、黄绿相杂的章鱼游回来了。准确地说是在倒车，追逐一只慌不择路的大蟹，好在它的屁股正侧面对着我们，一看它倒行逆施的怪相，我就感到无比的别扭，试想一下，如果要伸手去抓前面的东西，那可能吗？

一个倒行逆施的，追逐着一个横行霸道的，那幅情景真是滑稽透顶。

妙！它就是那样利索地抓住横行的蟹，虽然我不知道是不是先前要抓的那只。但从阿山说蟹是它的最爱来想，估计是因为蟹壳中富含虾青素，虾青素富有营养，且是抗衰老的良药。于是也给它们带来了厄运——成了水族动物们争相猎捕的对象。

不知它怎么一下，那坚硬的蟹壳已在触手中碎了，被送进嘴里……

不好！它转身向我们游来了。两只大眼闪着阴沉的绿光，似乎张着大口，身后竟然有直线的水纹——难道它有喷水的功能？喷气飞机的发明人不就是从它的运行方式得到的灵感吗？这是仿生学的成果吗？

"赶快丢鱼！"

李老师的喊声，把我从胡思乱想中拽了回来，我连连抛了两条鱼到它触手旁。它毫不客气，触手一卷，我还未看清它怎么动作，两条鱼就消失在它嘴边。这副吃相令人毛骨悚然！

看了这副吃相，我忽然想起它为什么是从那样大的洞里出来的。它的禀性就是在那里生活？不可能，它得吃喝

呀！那是躲避强敌？它怕谁？章鱼有非常聪明的大脑，西方有人曾用它来占卜，想窥视未来。足球赛时，德国人不是用它来预测两队的胜负吗？难道它也像人类一样闭关坐禅修道，才用礁石将洞口封死？出关之后它饿极了，需要大吃大喝一顿？

从理论上讲，所有的动物都是掠食者又是被掠食者，只不过我还不知道吧，有机会一定要向博士问清楚。

"只能丢一只。"

她提醒得对，看它那圆筒般的肚子，这几条鱼不够它塞牙缝。它身上的颜色又在变了，就像川剧中的"变脸"一样神秘，尽管是彩色的，却更恐怖。

我们边投鱼边躲让，眼看手中只有一条鱼了，它的触手又粗又长，使人想到武侠小说中的竹节钢鞭和神话小说中的"捆仙索"，而且还有8条啊！无论是哪一条缠住我的腿，都不费吹灰之力就能把我拉倒，送到嘴里……

我慌得大喊一声："阿山！"

海上骤然一片辉煌，小船上竖起了桅，桅杆上亮起了大灯。真是应了哲人的一句话："只有经历过黑暗的人，才知道光明的可爱！"

阿山跑动涉水声如鼓点一般响起……

他来了——原来船离我们并不远。他递了根两米长的竹篙给李老师，给我的是把鱼叉，他却两手空空。

怪了，那团大红大紫的肉球却不见了！是被突然的光亮还是猎手阿山的气场吓走的？

"怎么把它看跑了？"阿山发急。

"你有本事，怎么临阵逃脱了？"我也气不打一处来。

李老师厚道，说："我看到它是向那边去了。别急，那样大的章鱼目标大，别说了，快找吧！"

有了光明，礁盘上清楚多了。可找了几个来回，也不见那大红大紫的家伙。

先前，我们怕它、躲它，竭力希望它尽快滚走；现在却又要费尽周折去找它，生怕它逃之夭夭。世事真是多变。

李老师突然指着一丛珊瑚林立的地方，要我将头灯对准那里。不就是黄的、白的、淡蓝色和褐色的各种珊瑚吗？遍地都是，有什么新奇的？

"看那块滨珊瑚！"

滨珊瑚的颜色较暗，蔷薇珊瑚淡紫色……那里怎么鼓鼓的，像是长了一个灰色的大瘤？

"再往上看一点，夹在珊瑚缝里……"

啊！是只大眼！再细细察看，哪里是什么灰色的大瘤，是光滑、圆润的肉球。这一发现带来了一串发现，那搭在鹿角珊瑚上的不是触手吗？我怎么忘了它是海底变色龙呢？需要时，它可以变得和环境一样，因为它储备了各种色素。怎么还只顾去找大红大紫的章鱼！

"阿山，在这里！"

阿山连忙向它接近。他正要撒出手中的物件时，那个肉瘤只一弹，迅速地喷水，"嗖"的一声游开了。阿山随后就追……

章鱼成了一艘大红大紫的快艇。

眼看章鱼就要溜进茂密的珊瑚丛中，李老师突然把竹篙塞到我的手中。我也不傻，提了竹篙就追。

长武器的优势显出来了，就在它潜进隐蔽所的前一秒，竹篙打到了它身上。

它立即用触手缠住了竹篙，我抽了几次也抽不回。它力道强劲，竹篙好几次差点从我手中滑出——那就像拔河一样，我只好用脚抵住一块礁石。

什么时候，它已全身赤红，像一团火在海水中燃烧。好家伙，怒火中烧原来是这个样！我这才知道，章鱼不仅会随着周围的环境变色，而且还会随着自己的情绪变幻色彩。真是变色龙啊！

阿山刚靠近它，它就抽出两三条触手去抓他，吓得阿山像猴子一样，左躲右闪。可那触手却向不同方向挥舞，至少有两次差点缠住他。

"鱼叉，给，阿山！"不知哪来的神力，李老师竟把鱼叉甩到了阿山的附近。

可阿山没有去接，却向我喊道："像钓鱼一样。"

我猛然醒悟，钓到大鱼时，不就是用放线、提线去消耗它的体力吗？

可我手里握的是竹篙呀！

"真笨！"我恨恨地骂了一声，立即松手。只见章鱼一震，立即游动。大约拖着竹篙是累赘，松开触手丢下了它。

我紧走两步，又用竹篙去敲打它、撩它。我已猜到了阿山的心思，尽量不伤及它要害之处。它当然是挥舞触手来抓。

我学乖了，尽量不让它抓到，只将"剑"悬在它头上撩。万一被缠住了就来回拔河，再松手……如此反复。

眼看章鱼有些力不从心，疲惫不堪，我仍不松开竹篙。

章鱼虽然仍是通红，但已失却了火焰的光辉，像是即将燃尽的篝火，只有冒出青烟的份儿。

阿山小心翼翼地靠近章鱼，虽然还有想抓他的触手在摆动，但已失去了力道。阿山眼中芒光一闪，一个箭步跨出，撒开了手里的物件——真准！一个大网兜将章鱼罩住。

章鱼立即松开竹篙，八条触手像跳神汉一样手脚乱舞……

我们三个全都松了口气。看着这个色彩变幻的庞然大物，这时我感到背上冰凉冰凉的。

刚到船边，就发现两只大蟹正顺着锚链往船上爬。哈哈，肯定是灯光引来的！儿时，每到秋风起菊花黄时，我们就点着灯，开着门，将几根草绳一头拖到湖里，一头拴在桶

上，桶里放些剩饭剩菜，
一晚上常能在桶里抓到
五六只毛蟹。

砗磲

　　我们三个人费了很大
的周折，才将"变色龙"
拖到了船上，放进了水舱。

　　后来我才知道，章鱼有穴居的喜好，常在饱食之后寻
礁洞躲进去，再用触手抓来礁石，将洞口封住，过起与世
隔绝的安全至极的隐居生活。直到饿了才出去饱餐一顿，
就连产卵也选在洞中。

　　"大叔、阿姨真是福星高照。我来西沙 10 多年了，钓
的章鱼也不少，还从来没撞上这么大的家伙。真是踏破铁
鞋无觅处，得来全不费功夫！跟着你们一道下海，没有哪
次不奇遇！"

　　看阿山心满意足、乐滋滋的样子，我说："是哪个水族
馆定的货？拿了上万元的钱，可得请客啊！"

　　"确实是有人下的订单，可不是卖给水族馆的！"看
我们有些疑惑，他又说："是皇甫老师给我布置的作业。
章鱼生活在珊瑚礁中，研究珊瑚礁生态系统可少不了它。
可我平时钓的章鱼多是小的，这下，她肯定要乐坏了。"

　　阿山的话，触发了今晚脑海中一直时而闪过的问题。

　　"你和博士是亲戚？"

"也算吧！"阿山看到我的疑惑："因珊瑚、海贝、砗磲市场走俏，有人竟炸礁滥捕滥采。她来渔村给大家讲过保护海洋生态的重要，特别是讲到保护珊瑚生态系统在海洋中的作用。我觉得她讲得很对。后来，我在一次海难中发现了海龟岛——你们跟我去过。我想把它保护起来，你们也说要我找老师跟着学……后来，就认识了她，那也是一个巧遇，今天暂且不说。在保护海洋上，我们是师生，能不能算亲戚？"

我们经历了一场奇遇，心里又多了几层感慨，享受了多种发现的快乐。

阿山已将船发动起来了，我们满载着胜利和喜悦向大船靠去。

海风拂面，吹得人身心舒泰。我现在一身轻松，只是观赏着海面，想着博士她们的样方地考察也该结束了吧？

刘先平
40余年大自然考察、探险
主要经历

1974年—1980年:

参加野生动物科学考察队和建立自然保护区的考察,主要区域在皖南的黄山和皖西的大别山。1980年以前这里一直是刘先平的生活基地,至今每年至少考察两三次。这里美丽奇绝的自然风光、深厚的人文底蕴,曾吸引了诗仙李白等长期在此漫游。目睹了生态的恶化、珍稀动物的灭绝、人与自然的矛盾,激励刘先平于1978年重新拿起笔来呼唤生态道德,孕育了描写在野生动物世界探险的长篇小说《云海探奇》《呦呦鹿鸣》《千鸟谷追踪》及《爱在山野》《山野寻趣》等中篇。

作者在黄山考察。从20世纪70年代中期到1981年,黄山是作者的生活基地

刘先平从1957年开始发表作品,先是诗歌、散文,后涉足美学和文艺批评。

1978年完成在野生动物世界探险的长篇小说《云海探奇》,1980年出版,被认为是中国大自然文学的开篇之作、标志性作品。

那时的野外考察是很艰难的,在山里行走,只能凭着"量天尺"——双脚。根本没有野营装备,只能搭山棚宿营。科学家凭着什么去跋山涉水呢?是对祖国的热爱和对科学的探索精神。

1981年:

4月,考察云南西双版纳热带雨林,访问昆明植物研究所。为热带雨林繁花似锦的生物多样性震撼,从此走向更为广阔的自然,将认识大自然作为第一要务。5月，探险四川平武、黄龙、九寨沟、红原、卧龙等地并考察大熊猫。之后，在四川参加保护大熊猫、金丝猴的考察，前后历时6年。

著有长篇小说《大熊猫传奇》、考察手记《在大熊猫故乡探险》《五彩猴》等。那时这些地方还充满了原生态的独特美。10多年之后重走这条路，不少自然之美已找不到了。

1981年作者在川西参加考察大熊猫途中，穿越松潘草地。之后开始走向更为广阔的天地

1982年：

考察浙江舟山群岛生态和小叶鹅耳枥（是当时全世界尚存的唯一一棵）。描写在野生动物世界探险的长篇小说《呦呦鹿鸣》出版，另有《东海有飞蟹》。

1983年：

10月，在大连考察鸟类迁徙路线。11月，考察广东万山群岛猕猴及海南岛热带雨林、长臂猿、坡鹿、珊瑚。从这年开始，他认为大自然文学应是多样的，想将一个真实的自然奉献给读者，因而将主要精力转到对大自然探险中奇闻、奇遇的写作，著有《爱在山野》《麋鹿找家》《黑叶猴王国探险记》《喜马拉雅雄麝》《寻找树王》等。

1985年：

7月，沿辽宁丹东—黑龙江小兴安岭路线考察森林生态。

1986年：

8月，在新疆吐鲁番、乌苏、喀什等地探险及考察生态。

1988年：

赴甘肃酒泉、敦煌等地考察生态。

1991年：

9月，应邀赴法国、英国访问和交流，同时考察生态。著有《夜探红树林》等。

1992 年：

8 月，考察黑龙江大兴安岭、内蒙古呼伦贝尔森林和草原生态。

1993 年：

8 月，应邀赴澳大利亚访问和交流，同时考察生态。著有《鹦鹉唤早》等。

1995 年：

9 月，在黑龙江考察东北虎。

1996 年：

12 月，考察鄱阳湖、长江中游湿地、候鸟越冬地。"刘先平大自然探险长篇系列"（5 本）出版。

1997 年：

11 月，应邀参加中国作家代表团赴泰国访问，考察亚洲象。12 月，在海南岛考察五指山和霸王岭黑冠长臂猿。

1998 年：

7 月，考察云南澄江寒武纪生物大爆发化石群，抵达腾冲，原计划去高黎贡山寻找大树杜鹃王，因雨季受阻，在西双版纳探险野象谷。8 月，在新疆考察野马、喀纳斯湖和被称为天鹅故乡的巴音布鲁克，第一次穿越塔克拉玛干大沙漠。著有《天鹅的故乡》《野象出没的山谷》等。

1998 年，作者和李老师穿越塔克拉玛干大沙漠

1999 年：

4 月，在福建考察武夷山等自然保护区及动物模式标本产地和小鸟天堂，寻找华南虎虎踪。7 月，应邀赴加拿大、美国访问和交流，考察国家公园。8 月，一上青藏高原，主要考察青海湖。9 月，探访贵州麻阳河黑叶猴和梵净山黔金丝猴。著有《黑叶猴王国探险记》《灰金丝猴特种部队》。

2000 年：

1 月，考察深圳仙湖植物园。5 月，探险江苏大丰麋鹿自然保护区。7

月，二上青藏高原。探险黄河源、长江源、澜沧江源，由青海囊谦澜沧江源头和大峡谷至西藏类乌齐、昌都、八宿（怒江源头），到云南德钦、丽江、泸沽湖。沿三江并流地区寻找滇金丝猴。

作者和李老师前后历时近两月的行程，充满了难以想象的困苦和危险，但却充满了发现的快乐和幸福。谁能想到黄河源的鄂陵湖、扎陵湖是那样的蓝，蓝得靛青！鄂陵湖中小岛上居然栖息着一级保护动物白唇鹿。夏天，鹿妈妈游水到草地，为小鹿驮来青草；冬天带着孩子从冰上去探望外面的世界，西藏有那样美丽的森林。10 月，赴广西考察白头叶猴。11 月，赴海南再次考察大田坡鹿、红树林生态变化。著有《掩护行动——坡鹿的故事》，"中国 DISCOVERY 书系"（4 本）出版。

2001 年：

8 月，应邀赴南非访问和交流，考察野生动植物。

2002 年：

3 月，赴安徽砀山考察。4月，赴高黎贡山寻找大树杜鹃，一探怒江大峡谷，但因大雪封山，未能到达独龙江。6 月，去湖北石首考察麋鹿。7 月，再去江苏大丰考察麋鹿。8 月，三上青藏高原，探险林芝巨柏群—雅鲁藏布江大峡谷—珠穆朗玛峰自然保护区，到达海拔 5200

2002 年，作者在高黎贡山无人区

米，瞻仰珠穆朗玛峰。历经数次受阻，21 年后终于瞻仰到美丽宏伟的大树杜鹃。完成《圆梦大树杜鹃王》《峡谷奇观》，另有《麋鹿回归》等。

2003 年：

4 月，在四川北川、青川考察川金丝猴、大熊猫、牛羚。8 月，应邀赴英国、挪威、丹麦、瑞典访问和交流，由挪威进入北极圈。著有《谁在跟踪》，"东方之子刘先平大自然探险系列"（8 本）出版。

2004 年：

8 月，横穿中国，由南线走进帕米尔高原，考察山之源生态、风土人情。路线是青海柴达木盆地察尔汗盐湖—可可西里—雅丹地貌—花

土沟油田，翻越阿尔金山到
新疆若羌，再次穿越塔克拉
玛干大沙漠至帕米尔高原。
10月，参加中国作家代表团访
问南非、毛里求斯、新加坡。
著有《鸵鸟小骑士》等，《云
海探奇》《千鸟谷追踪》收入
"传世名著"。

2004年，作者在帕米尔高原冰山之父
的慕士塔格峰

2005年：

7月，横穿中国，由北线走进帕米尔高原，寻找雪豹、大角羊、野骆
驼。路线是甘肃河西走廊—罗布泊边缘，再次从北线穿越柴达木盆地到花
土沟油田。原计划进入阿尔金山自然保护区，未成，回敦煌—库尔勒，第
三次穿越塔克拉玛干大沙漠—托木尔峰—伽师—帕米尔高原—红旗拉甫。
10月，在重庆金佛山寻找黑叶猴，在沿河土家族自治县再探黑叶猴。著有《走
进帕米尔高原——穿越柴达木盆地》等，《黑麂迷踪》《寻找失落的麋鹿家园》
出版。

2006年：

4月，二探怒江大峡谷。但又因大雪封山未能进入独龙江，转至瑞丽。
6月，考察黑龙江佳木斯三江平原湿地。10月，第三次探险怒江大峡谷，
终于到达独龙江。著有《东极日出》等。

2007年：

7月，去山东等地考察候鸟迁徙路线。9月，在四川马尔康、若尔盖湿地、
贡嘎山等地寻访麝、黑颈鹤及层层水电站对生态的影响等。《胭脂太阳》《鹿
鸣麂唤》出版。中英文双语版《我的山野朋友》、英文版《千鸟谷追踪》出版。

2008年：

7月，考察东北火山群，路线是黑龙江五大连池—吉林长白山天池—辽宁
朝阳古化石群。9月，应邀访问英国、丹麦。"大自然在召唤系列"（9本）出版。

2009年：

6月，考察陕西秦岭南北气候分界线及大熊猫、羚牛、金丝猴、朱鹮。

2010 年:

9 月,应邀出席在西班牙举行的国际安徒生奖颁奖典礼,考察瑞士高山湖泊、德国黑森林的保护。"我的山野朋友系列"(16 本)出版,英文版《金丝猴跟踪》《爱在山野》《黑叶猴王国探险记》《麋鹿找家》出版。

2011 年:

6 月、9 月、10 月,到海南、西沙群岛探险。著有《美丽的西沙群岛》《七彩猴树》《寻找巴旦姆》《追踪雪豹》,英文版《大熊猫传奇》《云海探奇》出版。

2011 年,作者与李老师在西沙群岛东岛

2012 年:

7 月,探险神农架自然保护区。8 月,六上青藏高原,沿青海湖—可可西里—花土沟油田,前后历时 8 年,历经 3 次,终于进入阿尔金山自然保护区(四大无人区之一),看到了成群的野驴、野牦牛、藏羚羊、岩羊,最后到达西藏拉萨。著有《天域大美》《红豆相思鸟》等。

2013 年:

7 月,考察湘西和张家界的生态。8 月,在呼伦贝尔大草原考察。9 月,在南麂列岛考察海洋生物。"我的七彩大自然系列"(4 本)、"探索发现大自然系列"(8 本)出版。英文版《鸵鸟小骑士》出版。

2014 年:

3 月,考察云南、贵州喀斯特地貌的森林和毕节百里杜鹃——"地球的花腰带"。

2015 年:

3 月,赴南海考察珊瑚。著有《追梦珊瑚》《惊魂绿龟岛》等。8 月,赴宁夏考察贺兰山、六盘山、沙坡头、白芨滩、哈巴湖自然保护区。《寻访白海豚》《藏羚羊大迁徙》出版。《大熊猫传奇》和《云海探奇》影像版出版。

2016 年：

7月，赴英国考察皇家植物园和白崖。9月，考察黄山九龙峰自然保护区。10月，考察长江三峡自然保护区、恩施鱼木寨、水杉王、恩施大峡谷。《追踪黑白金丝猴》《海星星》《寻索坡鹿》出版。波兰文《金丝猴跟踪》《爱在山野》《黑叶猴王国探险记》《麋鹿回家》出版。

2017 年：

4月，考察牯牛降云豹的生存状况。10月，考察福建、广东海洋滩涂生物。11月，在黄山徽州区考察中华蜂的保护状况。著有长篇《追梦珊瑚》《一个人的绿龟岛》，另有《小鸟生物钟》。

2018 年：

2月，重返高黎贡山，考察盛花大树杜鹃王。3月，在当涂考察养蜂。5月，去雷州半岛考察海洋滩涂生物。8月，考察长江三峡地区生态变化。9月，考察云南中国科学院昆明植物研究所。12月，赴云南高黎贡山国家级自然保护区考察沟谷雨林和季雨林。著有《续梦大树杜鹃王——37年，三登高黎贡山》《孤独麋鹿王》《金丝猴跟踪》等。

2019 年：

4月，考察安徽宣城丫山国家地质公园。5月、6月，考察黄山九龙峰自然保护区。7月，考察青岛滩涂海洋生物。8月，考察九龙峰自然保护区。